高职高专规划教材

小型制冷装置实训

严卫东　殷　雷　编
崔建宁　主审

机械工业出版社

本书以技能训练的形式系统介绍了电冰箱及空调器常用维修工艺及操作方法。全书共有8个实训内容，分别介绍了维修工具操作方法、管道焊接工艺、电冰箱系统维修基本工艺、电冰箱电器元件及电路维修、无氟电冰箱维修工艺、空调器安装、空调器电器元件及基本电路、空调器故障维修。内容通俗易懂，具有较强的实用性。

本书为高职高专制冷与空调专业的实训教材，也可作为制冷工培训的实训教材，亦可供维修人员学习和参考。

图书在版编目（CIP）数据

小型制冷装置实训/严卫东，殷雷编．—北京：机械工业出版社，2003.8(2021.8重印)

ISBN 978-7-111-12661-4

Ⅰ．小… Ⅱ．①严…②殷… Ⅲ．①制冷－空气调节器－专业学校－教材②冰箱－专业学校－教材 Ⅳ．TM925

中国版本图书馆CIP数据核字（2003）第061621号

机械工业出版社(北京市百万庄大街22号 邮政编码100037)
责任编辑：张双国 版式设计：冉晓华 责任校对：李秋荣
封面设计：饶 薇 责任印制：常天培
北京机工印刷厂印刷
2021年8月第1版第7次印刷
184mm×260mm · 7.75印张 · 179千字
12 501—13 300册
标准书号：ISBN 978-7-111-12661-4
定价：26.00元

电话服务 网络服务
客服电话：010-88361066 机 工 官 网：www.cmpbook.com
010-88379833 机 工 官 博：weibo.com/cmp1952
010-68326294 金 书 网：www.golden-book.com
封底无防伪标均为盗版 机工教育服务网：www.cmpedu.com

编 写 说 明

随着科技发展、社会进步和人民生活水平的不断提高，制冷与空调设备的应用几乎遍及生产、生活的各个方面。运行和维护制冷与空调设备需要大批专门技术人才，尤其我国加入 WTO，融入国际竞争的大潮，社会对制冷空调设备的安装、维修、管理专业高级技术人才的需求量也愈来愈大。为了满足和适应社会不断增长的需要，全国已有数十所高职高专院校先后开设了“制冷与空调”专业，以加速制冷与空调专业应用型高级技术人才的培养。

为了编写出既有行业特色，又有较宽覆盖面，适应性、实用性强的专业教材，我们组织了全国十几所不同行业高职院校具有丰富教学和工程实践经验的教师编写了这套高职高专制冷与空调专业规划教材。书目见封四。

本套教材在编写过程中，结合我国制冷与空调专业的发展以及行业对高职高专人才的实际要求，在形式和内容上都进行了有益探索。在专业面向上，既涉及家用、商用制冷与空调设备，又涉及工业制冷空调设备，覆盖范围广；在内容安排上，既介绍传统的制冷空调原理、方法、设备，又补充了大量的新技术、新工艺、新设备，立足专业最前沿；在课程组织上，基本理论力求深入浅出、通俗易懂，实验、实训力求贴近生产，强调实际、实用；特别强调突出能力培养，体现高职特色，既可作为高职高专院校的专用教材，也可作为社会从业人员岗位培训教材。

本套教材编写过程中，得到了有关设计院所、施工单位、管理部门、生产企业和有关专家学者的大力支持。他们提出了许多宝贵意见，提供了大量技术资料和工程实例，使得教材内容更加丰富、详实，在此向他们表示衷心的感谢！

由于受理论水平、专业能力和知识面的限制，加之时间短促，全套教材中难免有疏漏和错误，恳请广大师生和读者批评指正，以便再版时修订、补充，不断完善和提高。

高职高专制冷与空调专业教材编审委员会

2003 年 3 月

前 言

为了适应新世纪对高职高专学生专业实践操作能力的要求，更好地培养21世纪高等职业技术人才，全国高职高专制冷与空调专业教材编审委员会组织编写了本教材。

本书是林钢主编的《小型制冷装置》的配套实训教材，共分8个实训。介绍了常用维修工具的结构、工作原理及操作方法；制冷与空调设备电器元件的检测及基本电路分析方法；制冷与空调设备常见故障的分析、维修方法。编写中力求结合专业实际，以基本操作为主，使读者能更好地理解并掌握本专业的基础理论知识，提高实践能力。

本书教学内容共需30学时，课时分配方案可参考下表：

实 训	一	二	三	四	五	六	七	八	小计
课 时	2	6	2	2	4	2	6	4	28
机动课时									2
总 计									30

本书由江苏经贸职业技术学院严卫东（绪论、实训一、二、三、四）、殷雷（实训五、六、七、八）编写。全书由严卫东统稿。

本书由江苏经贸职业技术学校崔建宁副教授主审，并在编写中提出了宝贵意见。本书在编写过程中得到了有关学院领导和教师的帮助和支持，在此表示衷心的感谢。

由于水平有限，书中难免有欠妥之处，敬请广大读者批评指正。

编者

2003年3月

目　录

绪　论

一、小型制冷装置实训的性质和任务

《小型制冷装置实训》是由林钢主编的《小型制冷装置》的配套实训教材，它是高等职业技术教育制冷与空调专业的一门重要的实践技术基础课。

小型制冷装置实训的主要任务是指导学生掌握常用维修工具的结构、工作原理及操作方法；学习小型单体制冷与空调设备电器元件的检测方法及基本电路分析；学习小型单体制冷与空调设备的维修的各种基本技能操作；帮助学生对常见设备故障进行分析、诊断、维修，学会正确使用和维护设备。

小型制冷装置实训的主要目的是提高高职学生的独立实际操作能力，通过理论与实训相结合的原则，培养学生能正确使用与维护小型制冷与空调设备，能安装分体式空调器，具有对电冰箱和空调器等单体小型制冷设备常见故障进行维修的实际操作技能；为全面提高学生的职业素质和职业技能、增强适应职业变化的能力和继续学习的能力打下一定的基础。

二、小型制冷装置实训的内容

小型制冷装置实训的内容包括以下几方面：

(1) 制冷系统维修专用工具的实训　制冷空调维修专用工具的使用方法；制冷系统管道切割加工、胀管、扩喇叭口、封口。

(2) 系统管道焊接实训　焊接设备的工作原理和操作规程；制冷空调系统管道焊接。

(3) 制冷系统基本维修工艺实训　制冷系统试压；制冷系统检漏；制冷系统抽真空；制冷系统充注制冷剂。

(4) 电冰箱电器元件及电路实训　电冰箱电器元件性能初步检测；电器元件接线端子判别；双门直冷电冰箱接线；双门间冷电冰箱接线。

(5) 电冰箱维修实训　电冰箱冰堵、脏堵维修；电冰箱泄漏维修；R134a 电冰箱维修工艺；R600a 电冰箱维修工艺。

(6) 空调器安装实训　窗式空调器的安装方法；分体壁挂式空调器的安装方法。

(7) 空调器电器元件及基本电路实训　空调器电器元件性能初步检测；空调器电器元件接线端子判别；空调器基本电路分析及检测。

(8) 空调器维修实训　窗式空调器电路维修、分体空调器电路维修、分体空调系统维修。

三、小型制冷装置实训规则

小型制冷装置实训一般是在实验室进行。现场教学有别于教室，在这特定的教学环境中，重点培养学生一丝不苟的严谨的工作作风，加强劳动观念，遵守实训纪律，爱惜劳动成果和爱护国家财产。

1）实训时，应按规定穿戴好劳动保护用品，不带与实训无关的书刊、报纸、随身听等进入实训场地。

2）遵守组织纪律，不迟到、不早退、不旷课，有事请假。

3）尊敬老师，搞好师生关系。

4）爱护实验设备，注意节约用水、电、气和原材料。

5）实训时应专心听讲，仔细观察，做好笔记；认真操作，不怕苦，不怕脏，不怕累。

6）严格遵守各项实训的安全技术要求，严格按操作规程操作设备。

7）严禁私自拆卸设备，设备发生故障应及时汇报。

8）做到文明实训，保持良好的卫生环境。

实训一

制冷系统维修专用工具的基本操作

1

一、实训目的
二、相关理论和技能
三、实训设备和材料
四、实训步骤
五、实训记录
六、考核标准

一、实训目的

1）了解制冷系统维修专用工具的结构和工作原理。
2）掌握制冷系统维修专用工具的基本操作方法。
3）熟练使用工具对系统管道进行胀口、扩口、封口及弯制加工。
4）掌握检漏设备的操作方法。
5）掌握真空泵和修理双表的操作方法。

二、相关理论和技能

1. 扩管器

扩管器是将小管径铜管（19mm 以下）端部扩胀，形成喇叭口的专用工具，它由扩管夹具和扩管顶锥组成，如图 1-1 所示。夹具有米制和英制两种，扩管顶锥分偏心扩管顶锥和正扩管顶锥两种。

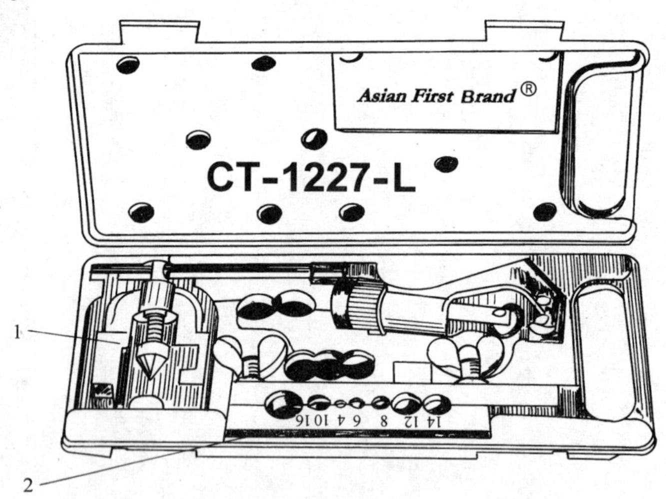

图 1-1 扩管器
1—扩管顶锥 2—夹具

小型制冷空调设备管道采用喇叭口连接时，需将铜管扩成喇叭口，所以喇叭口的好坏，直接影响系统连接处的密封性。

2. 胀管器

制冷系统管道连接，除上述介绍的喇叭口连接外，更多的是采用焊接连接。在实际操作维修过程中遇到相同管径的管道连接时，通常是使用胀管器将其中一根管道端部加工成杯口，然后将另一根管道插入杯口进行焊接。

胀管器分手动和机械两种，图 1-2 是制冷空调安装维修常用的手动胀管器，它由胀头和手动杠杆两部分组成，胀管范围 3/8 ~ $1\frac{5}{8}$in，胀头同样有米制和英制两种。

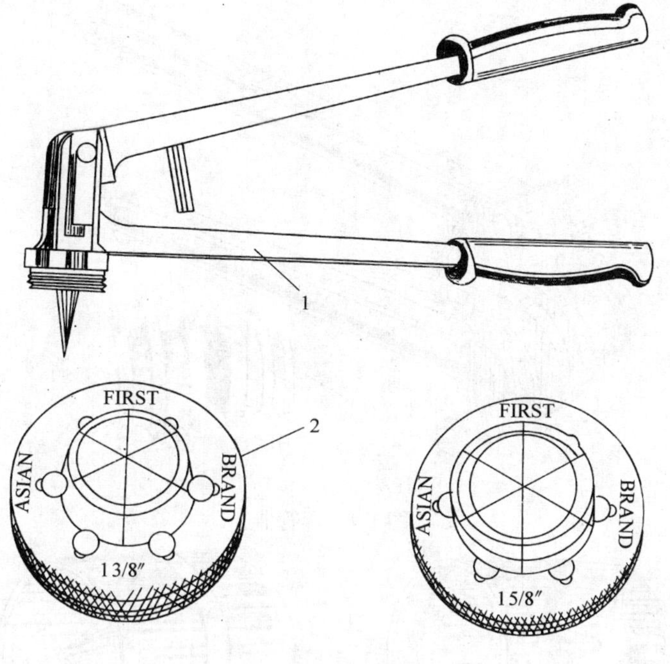

图 1-2　胀管器

1—手动杠杆　2—胀头

3. 割管器

割管器是安装维修过程中专门切割铜管和铝管的工具，它由支架、导轮、刀片和手柄组成，如图 1-3 所示。常用割管器切割范围为 3 ~ 45mm。

4. 弯管器

弯管器是专门弯曲铜管、铝管的工具，结构如图 1-4 所示，弯曲半径不应小于管径的 5 倍。弯好的管子其弯曲部位不应有凹瘪现象。

弯管器根据导轮及导槽的大小可对不同管径铜管进行加工。弯管器与铜管相对应也有米制和英制之分，其常见的规格有米制 6mm、8mm、10mm、12mm、16mm、19mm；英制 1/4in、3/8in、1/2in、5/8in、3/4in。

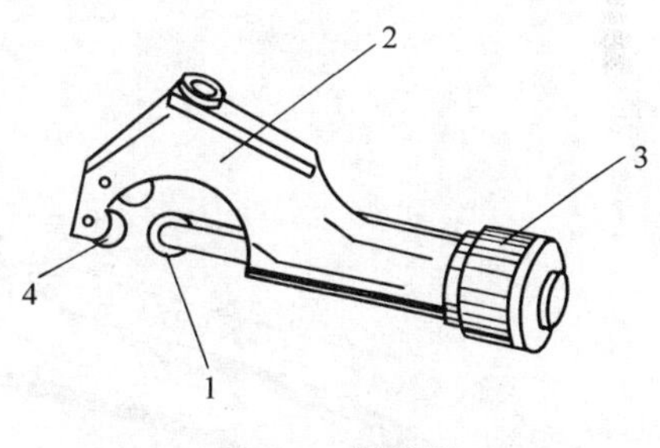

图 1-3　割管器

1—刀片　2—支架　3—手柄　4—导轮

5. 倒角器

铜管在切割加工过程中，铜管易产生收口和毛刺现象。倒角器主要用于去除切割加工过程中所产生的毛刺，消除铜管收口现象。倒角器外形如图 1-5 所示。

6. 封口钳

制冷系统维修过程中经常需要焊接封口。由于系统中有制冷剂，压力比较高，不容易焊接；而且制冷剂遇明火会产生有害气体，危害维修人员健康。通常用封口钳在管路上先进行封口，然后进行焊接处理。封口钳外形如图 1-6 所示。

7. 真空泵

真空泵构造如图 1-7 所示，主要应用于制冷系统抽真空。

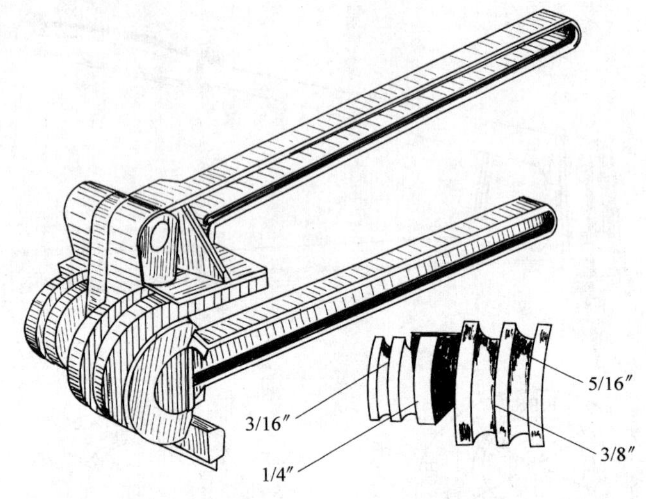

图 1-4 弯管器

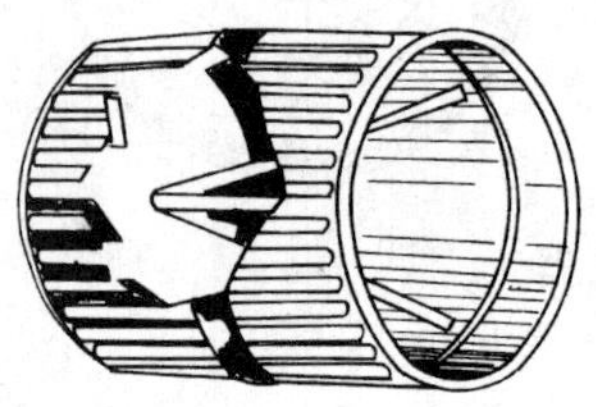

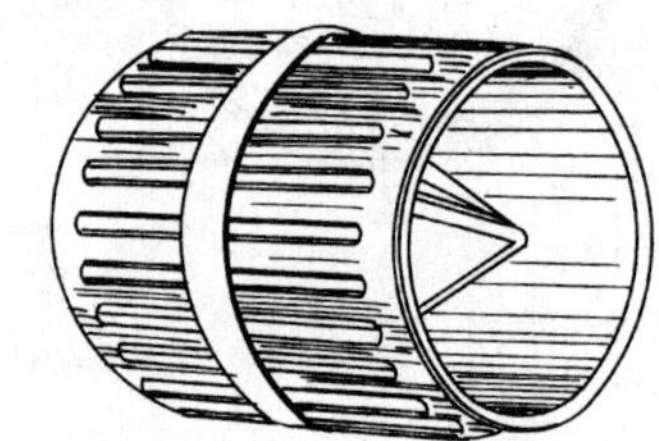

图 1-5 倒角器

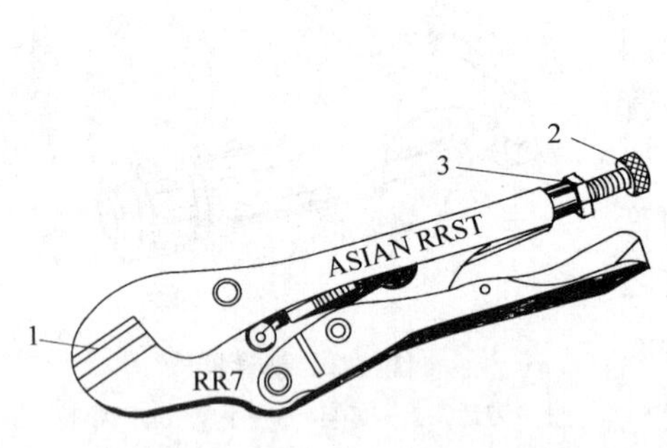

图 1-6 封口钳

1—钳口 2—调节旋钮 3—锁紧螺母

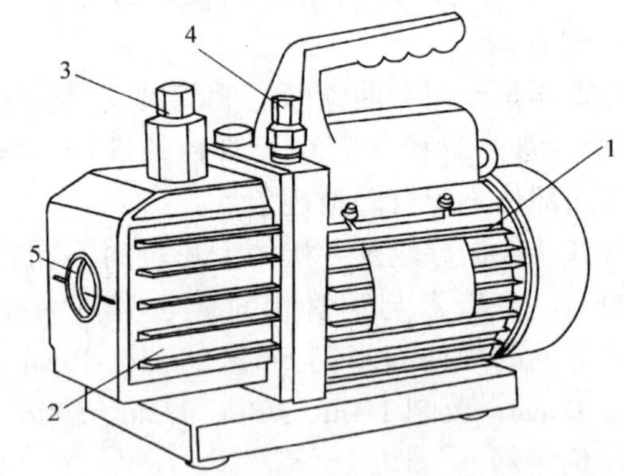

图 1-7 真空泵

1—电动机 2—油箱 3—排气口

4—吸气口 5—油视镜

制冷系统维修通常采用旋片式真空泵，旋片式真空泵分单级、双级两种。常用旋片式真空泵主要技术参数见表 1-1 所示。

8. 修理表阀及连接软管总成

修理表阀有单表阀和双表阀两种。单表阀由压力表、表阀组成；双表阀由压力表、表阀（含视窗）二部分组成，如图 1-8 所示。压力表有两块，一块低压表带负压，一块高压

表 0～3.5MPa。低压表一般用于抽真空和检漏系统低压侧压力，高压表通常用于测量高压侧压力。双表修理阀根据不同的使用工质区分，一般为 R12、R22、R502 可混用，R600a、R134a，必须使用专用双表阀。

表 1-1 旋片式真空泵主要技术参数

型号	单级旋片真空泵				双级旋片真空泵	
	FY-1C	FY-1.5A	FY-2B	FY-3A	2FY-0.5A	2FY-1B
额定电源/V	220	220	220	220	220	220
抽气速率/（m^3/h）	1.8	3.0	5.0	8.0	1.5	3.2
极限压力/Pa	10	10	10	10	5×10	5×10
电动机转速/（r/min）	1440	1440	1440	1440	1440	1440
功率/W	135	160	180	250	160	180
加油量/mL	220	220	250	250	220	250
进气口径/mm	$\phi6$	$\phi6$	$\phi9$	$\phi9$	$\phi6$	$\phi6$
进气口径螺纹	M12×1.25	M12×1.25	M16×1.5	M16×1.5	M12×1.25	M12×1.25

连接软管主要用于修理表阀与制冷系统和真空泵等设备的连接。使用过程中，根据具体情况，可选用耐压不同的连接软管。常用连接软管最高耐压为 3.5MPa。

连接软管的接头为英制 1/4in 管螺纹或米制 M12×1.25 管螺纹。

9. 卤素检漏灯

卤素检漏灯的结构如图 1-9 所示，它主要由喷嘴、扩压管、灯芯筒、酒精杯、调节阀、火焰圈、吸气软管及其他辅助件组成。主要用于制冷系统检漏。

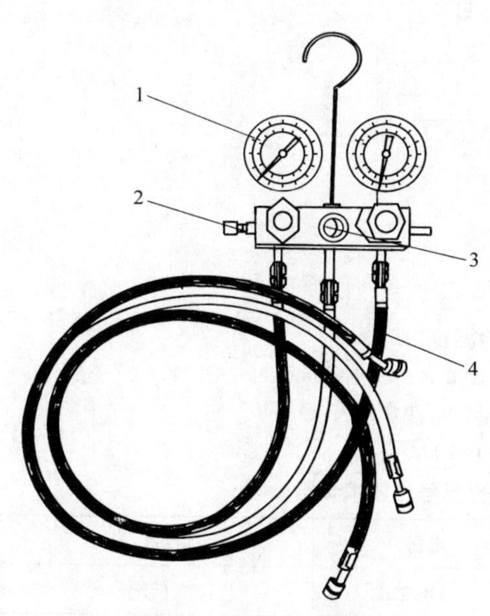

图 1-8 修理阀总成

1—压力表 2—阀体 3—视镜 4—软管

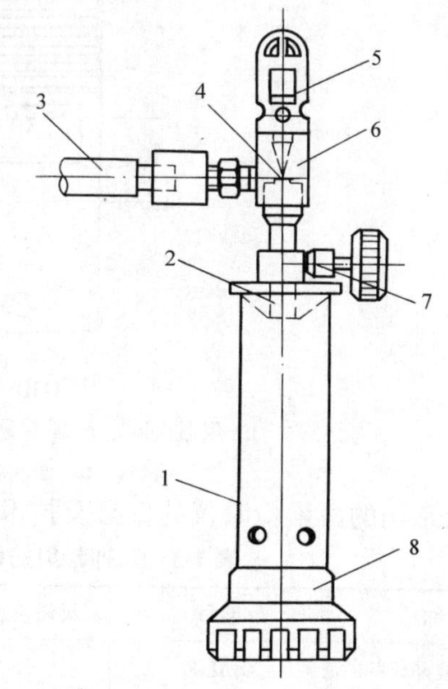

图 1-9 卤素检漏灯

1—灯芯筒 2—酒精杯 3—吸气软管 4—喷嘴 5—火焰圈 6—扩压管 7—调节阀 8—底盖

卤素检漏灯是电冰箱修理中最常用的检漏工具，它用酒精、乙炔和丙烷作燃料。检漏的原理是：当混有5%～10%的氟利昂气体与炽热的铜接触时，氟利昂分解为氟、氯元素并和铜发生化学反应，成为卤素铜的化合物，使火焰的颜色发生变化，从而检查出氟利昂泄漏。火焰的颜色与泄漏量关系见表1-2。

表1-2 火焰的颜色与泄漏量的关系

年泄漏量/g	泄漏速率/（mm^3/s）	火焰颜色
48	0.31	无变化（淡蓝色）
288	1.85	微绿色
384	2.47	浅绿色
504	3.23	深绿色
1368	8.78	紫绿色
2016	13.91	紫色

10. 电子卤素检漏仪

BW5750A电子卤素检漏仪由上海博尔康真空电子有限公司生产的产品，它由传感器、保护罩电源开关、软管、仪器壳体等组成，如图1-10所示。

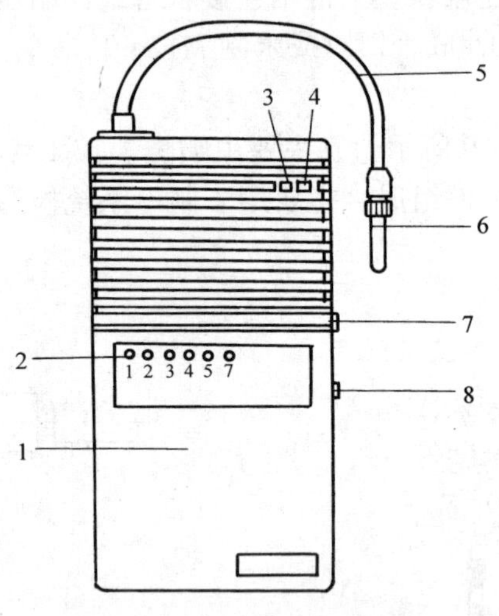

图1-10 电子卤素检漏仪

1—仪器壳体 2—泄露量指示 3—报警指示 4—电源指示
5—软管 6—探头 7—复位按钮 8—电源开关

目前常用的卤素检漏仪的型号及技术参数如表1-3所示。

表1-3 几种常用的卤素检漏仪的型号、技术参数

名称	型号	灵敏度/（g/年）	电源/V	制造厂家
卤素检漏仪	HAL-8	<5可调	110/220	日本东芝公司
卤素检漏仪		<5可调	110/220	LOTTENBACH
卤素检漏仪		<5可调	110/220	LEYBOLD

(续)

名称	型号	灵敏度/(g/年)	电源/V	制造厂家
卤素检漏仪	H6，H7	14～280 可调	110/220	GENERAL ELECTRIC
卤素检漏仪	LX-2A	<5 不可调	24	北京真空仪表厂
袖珍式卤素检漏仪	TIF-5000	14～1000 可调	6	USA TIF
袖珍式卤素检漏仪	AEIA-Ⅱ	14～1000 可调	6	上海唐山仪表厂
多种气体检漏仪	SA63BACH	14～280 可调	6	BACHARACH
电子卤素检漏仪	BW5750A	3	3	上海博尔康真空电子有限公司

三、实训设备和材料

1）割管器 1把
2）倒角器 1只
3）封口钳 1把
4）扩管器 1套
5）胀管器 1套
6）弯管器 1把
7）卤素检漏灯 1只
8）电子卤素检漏仪 1只
9）真空泵 1台
10）双表修理阀总成 1套
11）电冰箱 1台
12）铜管 若干

四、实训步骤

1. 割管器实训

(1) 切割铜管操作步骤

1）将所需加工直径为 8mm 的铜管夹装到割管器，慢慢旋紧手柄至铜管边缘。

2）将整个割管器绕铜管顺时针方向旋转，如图 1-11 所示。

3）割管器每旋紧 1～2 圈，需调整手柄 1/4 圈。

4）重复 2、3 步骤，直至将铜管割断。

5）另取不同规格铜管进行切割练习直至熟练。

(2) 割管器切割铜管注意事项

1）铜管一定要架在导轮中间。

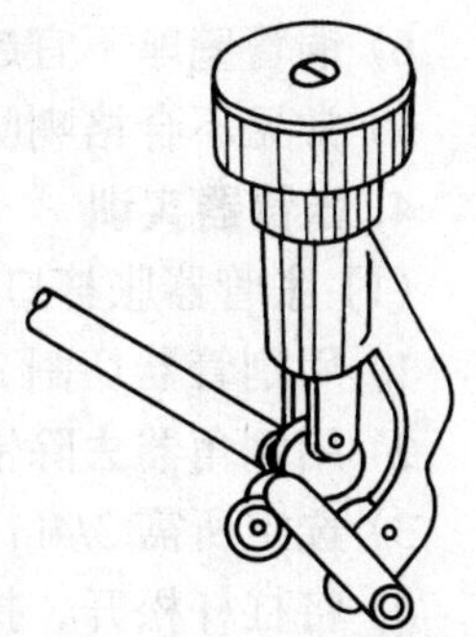

图 1-11 铜管切割加工

2）所加工的铜管一定要平直、圆整，否则会形成螺旋切割。

3）由于所加工的铜管管壁较薄，调整手柄进刀时，不能用力过猛，以免出现严重的内凹收口和铜管变形，影响切割。

4）铜管切割加工过程中出现的内凹收口和毛刺需进一步处理。

2. 倒角器实训

1）用割管器切割 20cm 长，直径为 12mm 铜管。

2）将倒角器锥形刀刃放入铜管内。

3）一手握紧铜管，另一只手握紧倒角器沿刀刃方向旋转。

4）反复操作，直至去除毛刺和收口。

3. 扩管器实训

（1）扩喇叭口操作步骤

1）用割管器切割 20cm 长，直径为 6mm 铜管。

2）用倒角器去除铜管端部毛刺和收口。

3）将需要加工的铜管夹装到相应的夹具卡孔中，铜管端部露出夹板面 $H/3$ 左右（注意夹具坡面位置），旋紧夹具螺母直至将铜管夹牢，如图 1-12 所示。

4）将扩口顶锥卡于铜管内，顺时针慢慢旋转手柄使顶锥下压，直至形成喇叭口。

5）退出顶锥，松开螺母，从夹具中取出铜管观察扩口面应光滑圆整，无裂纹、毛刺和折边。

6）另取不同规格铜管进行扩喇叭口练习直至熟练。

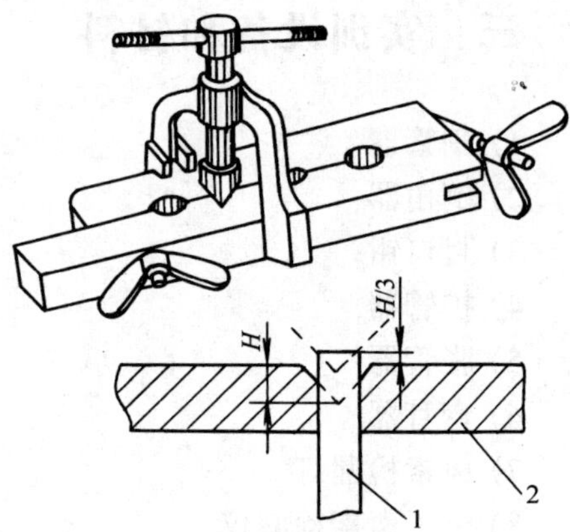

图 1-12 扩管器操作示意

1—铜管 2—夹具

（2）扩喇叭口操作注意事项

1）注意铜管与夹板的米英制形式要对应。

2）有条件最好在扩管器顶锥上加上适量冷冻油。

3）铜管材质要有良好延展性（忌用劣质铜管），铜管应预先退火。

4）铜管端口应平整、圆滑。

5）喇叭口大小适宜，太大容易撕裂且螺母不易夹进，太小容易脱落或密封不严。

6）铜管壁厚不宜超过 1mm。

7）常见不合格喇叭口形式如图 1-13 所示。

4. 胀管器实训

（1）胀管器胀杯口操作步骤

1）用割管器切割 20cm 长，直径为 3/4in 的铜管。

2）用倒角器去除铜管端部毛刺和收口。

3）选定所需 3/4in 的胀头，将其旋到杠杆上。

4）将杠杆松开，把所需加工的铜管套至装好的胀头上。

5）收紧杠杆，胀头自动张开，铜管形成杯口。

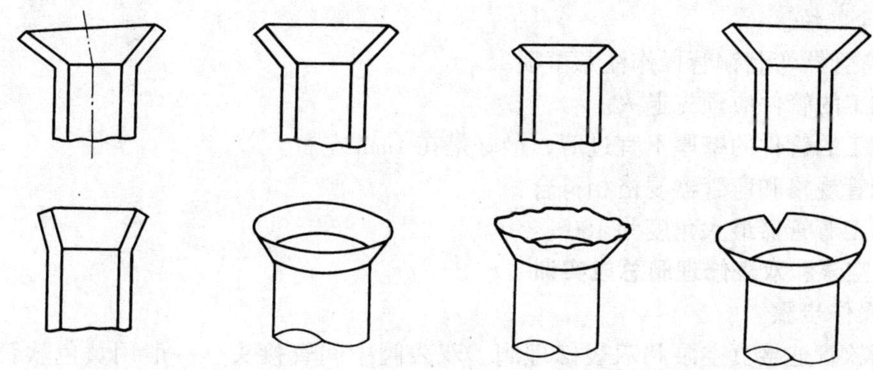

图 1-13　不合格喇叭口示例

6）松开杠杆，取下铜管，观察杯口是否符合要求（同管径铜管是否能插入），如图 1-14 所示。

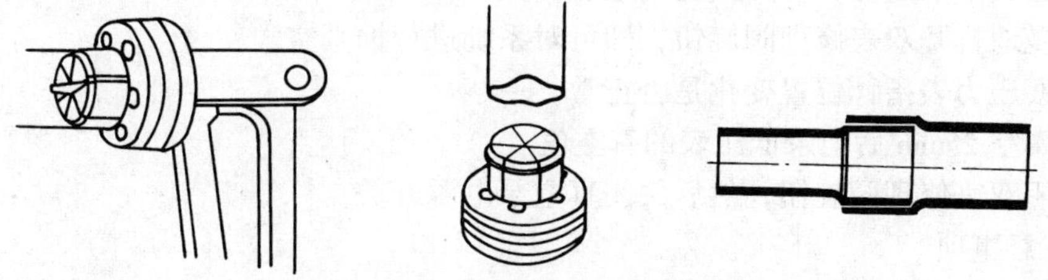

图 1-14　胀管器胀杯口

7）另取不同规格铜管进行胀杯口练习直至熟练。

（2）胀管器胀杯口操作注意事项

1）铜材应具有良好的延展性，保证杯口不会撕裂。

2）胀头的米英制形式应与铜管的米英制形式相匹配。

3）胀管时，确认胀头旋紧，杠杆压到底，保证胀头充分张开。

4）铜管端口保证光滑平整。

5. 弯管器实训

（1）弯管器弯制铜管操作步骤

1）用割管器切割 60cm 长，直径为 3/4in 铜管。

2）用倒角器去除铜管端部毛刺和收口。

3）选用 3/4in 弯管器并将所需加工的铜管，放置到弯管器导轮中，并调整好位置，将活动手柄的搭扣扣住所加工的管件，如图 1-15 所示。

4）慢慢旋紧活动手柄，使管件弯曲至所需角度 90°。

5）松开搭扣和活动手柄，将管件退出，并观察是否符合要求。

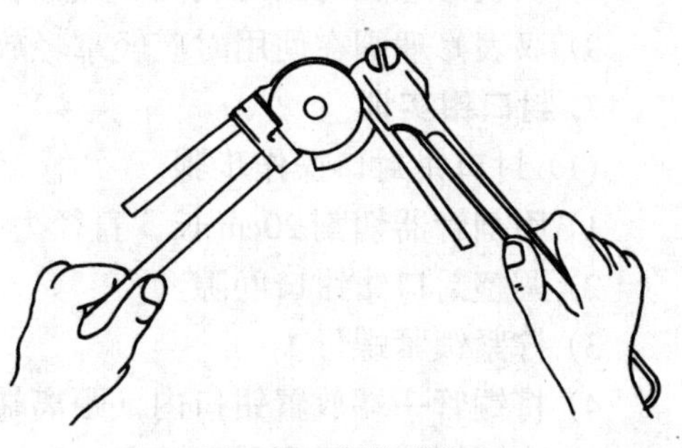

图 1-15　铜管弯制

6）另取不同规格铜管进行弯管练习（不同

角度）直至熟练。

（2）弯管器弯制铜管操作注意事项

1）加工的管件应预先退火。

2）加工的管件的壁厚不宜过薄，最好是在1mm左右。

3）铜管规格和弯管器规格相符合。

4）手工弯管器最大角度为180°。

6. 真空泵和双表修理阀总成实训

（1）操作步骤

1）用软管连接真空泵和双表修理阀。双表阀中间管接头（一般用黄色软管）连接真空泵（或氟瓶），双表阀低压表侧管接头（一般用蓝色软管）连接制冷系统低压接口，双表阀高压表侧管接头（一般用红色软管）连接制冷系统高压接口。

2）打开真空泵排气帽。

3）接通真空泵电源，打开真空泵电源开关。

4）缓慢地打开双表修理阀旋钮，即可对系统进行抽真空。

5）观察压力表指针位置变化是否正常。

6）抽真空25min后记录低压表的真空值。

7）关闭双表修理阀旋钮，然后关闭真空泵电源开关。

（2）注意事项

1）连接软管与真空泵和制冷系统的连接依靠橡胶圈密封，连接时不能用力过大，以免损坏橡胶圈影响系统的密封。

2）真空泵严禁抽除易燃易爆及有毒气体。

3）真空泵运行时，严禁堵塞排气口。

4）进气口与大气相通运转不允许超过3min。

5）真空泵靠油膜密封，应定期加油（HFV-32专用真空泵油），保证其油位在工作范围内。

6）国产真空泵的接口为米制接口，用英制软管连接时需用米制—英制转换接头进行连接。也可以用一端是米制接口，另一端是英制接口的专用软管进行连接。

7）真空泵在长时间不用时，应将其吸气口和排气口密封。以免落入灰尘和真空泵油吸水，导致真空泵油变质。

8）双表修理阀的高压表阀和低压表阀可以单独使用。

9）双表修理阀在使用时应轻拿轻放，以免影响其精度和使用寿命。

7. 封口钳实训

（1）封口钳封口操作步骤

1）用割管器切割20cm长，直径为3mm铜管。

2）调整封口钳钳口间隙。

3）拧紧锁紧螺母。

4）将铜管一端放置钳口内（距离端口3~4cm），用力捏紧封口钳。

5）取下铜管，目测封口情况。

6）重复以上步骤直至铜管完全封闭。

（2）封口钳封口操作注意事项

1）封口钳钳口间隙不能调节得太小，以免压断铜管。

2）如无法确认封口是否密封，可以在3mm铜管的另一端焊接英制1/4in管螺纹，然后与组表和氮器瓶连接，加压0.5MPa检测。

3）封口钳在不用时应松开钳口。

8. 卤素检漏灯实训

（1）卤素检漏灯检漏操作步骤

1）先将底盖旋下，加入含99%的清洁酒精后旋紧底盖，把灯酒精竖直放在平地上。

2）向黄铜酒精杯内倒入5mL左右的酒精并点燃，加热灯体和喷嘴，热量由灯体传给灯芯筒，使灯芯筒内酒精温度提高，使其压力升高。

3）待杯内酒精快要烧光时，微开调节阀，酒精蒸气从喷嘴喷出并连续燃烧。喷嘴的喉部有一个旁通孔，此孔与吹气软管相通，由于喷嘴中气流的高速喷射在扩散管内产生负压，使旁通孔只有一定的吸气能力。吹气量的大小可由吸气管口气流声音大小来判断，并根据需要调整调节阀的开启度。

4）检漏时将软管口伸向要检漏的制冷系统接头、焊接处，若有泄漏的氟利昂蒸气被吸入，经燃烧后火焰就发出绿色或蓝色亮光，从火焰颜色深浅来判断氟利昂的泄漏程度。

（2）使用卤素检漏灯检漏注意事项

1）使用时，用“通针”插入孔径仅为0.2mm的喷嘴孔口中，将可能堵塞喷嘴的脏物清除，以保持喷嘴畅通。

2）灯头内的铜片必须清洁，应擦去上面的污垢和氧化物，否则氟利昂气体无法接触炽热的铜，火焰的颜色就不会改变。

3）烧杯内的酒精尚未烧尽时，不要移动检漏灯，以防酒精泼出，烧伤皮肤。

4）吸气软管应保持畅通。若火焰呈黄色，说明缺氧，则为吸气软管部分堵塞；若火焰熄灭，表示全部堵塞。

5）在检漏前，应先检查检漏灯。检查方法为使吸气软管从特意造成的泄漏处（例如微开制冷剂钢瓶阀）吸气，观察火焰颜色的变化。

6）吸气软管应在检漏部位缓慢地移动。因为吸入的氟利昂流经铜片需要一定的时间，急促进行不能准确地查出泄漏的部位。吸气管口应放在焊接部位的下方，因氟利昂蒸气比空气重。

7）检漏时，如发现泄漏处，确定漏口位置后应立即将吸气软管拿开，以免因氟利昂燃烧产生的光气中毒。

8）检漏灯的调节阀杆、底盖垫圈易损坏漏气或漏酒精，致使检漏灯不能使用，此时必须更换垫圈并扳紧螺钉，直到不泄漏才可使用。

9）检漏灯用毕熄灭时，不要将调节阀关得太紧，因为灯体冷却后阀体要收缩，若阀杆拧得太紧，冷却后调节阀难以打开，甚至会使阀体破裂。用完待冷后，要倒净剩余的酒精，以免长期存放损坏灯芯筒。

10）三氯乙烯和四氯化碳清洗剂的气体也能使检漏灯火焰改变颜色，因此，在检漏时应予注意，以免出现判断错误。

9. 电子卤素检漏仪实训

(1) 电子卤素检漏仪操作步骤

1) 将电池装入电子检漏仪，打开电源开关，此时电源指示灯亮，同时听到电子检漏仪发出缓慢“嘟、嘟”声。此时表示电子检漏仪处于正常工作状态。如果打开电源，仪器啸叫，则按一下复位开关，便可恢复正常。

2) 将电子检漏仪的探头沿系统连接管道慢慢移动进行检漏。速度不大于25~50mm/s，并且探头与被检测表面的距离不大于5mm，如图1-16所示。

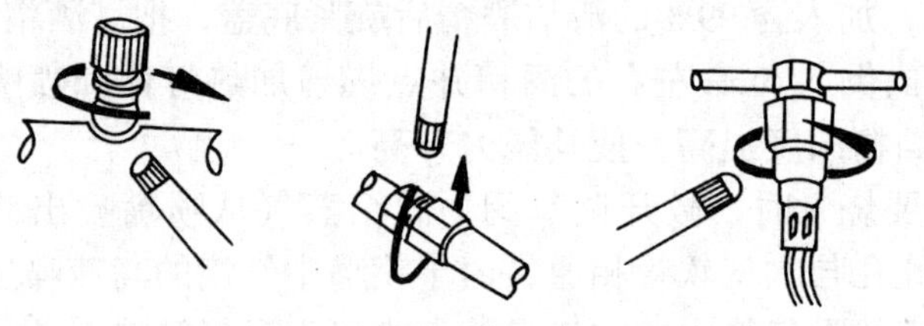

图1-16 电子卤素检漏仪检漏

3) 如电子检漏仪发出“嘟……”的长鸣声时，说明该处存在泄漏。为保证准确无误的确定漏点，应及时移开探头，待电子检漏仪恢复正常后，在发现漏点处重复检测2~3次。

4) 如果找到一个漏点后，一定要继续检查剩余管路。

(2) 注意事项

1) 由于电子卤素检漏仪的灵敏度很高，所以不能在有卤素或其他烟雾污染环境中使用。

2) 精密检测时，须在“正压室”内进行，最起码要在空气新鲜的场合进行。

3) 检漏仪的灵敏度一般是可调的，由粗检到精检分数挡。

4) 在使用过程中，严防大量的制冷剂吸入检漏仪，过量的制冷剂会污染电极，使灵敏度大为降低。

5) 使用电子检漏仪时应注意保持探头的清洁。避免灰尘或油污的污染，切不可与水接触。

6) 不要随意拆卸传感器探头，以免损坏或影响仪器的灵敏度。

7) 仪器长期不用时，应取出电池，并将仪器置于干燥处保存。

五、实训记录

1) 用扩管器对不同管径的铜管扩喇叭口时，铜管端部露出夹板的尺寸是否一样？

2) 手工弯管器最大可以弯制的管径是多少？

3) 真空泵的抽气速率越大越好吗？为什么？

4) 修理双表阀上的低压表是否可以用真空表来代替？

5) 电子检漏仪在检漏时有哪些注意事项？

6）填写实训记录表 1-4。

表 1-4 实训记录

工具名称	规格型号	适用范围	操作要领
扩管器			
胀管器			
倒角器			
割管器			
封口钳			
弯管器			
真空泵			
双表修理阀总成			
卤素检漏灯			
电子卤素检漏仪			

六、考核标准

考核标准见表 1-5。

表 1-5 考核标准

项　目	技术要求	分　值	得　分
工具型号识别	正确认识维修工具的作用	10	
铜管加工	1）铜管切割平整 2）胀杯口大小合适 3）喇叭口平滑、圆整 4）铜管弯制平滑、无凹瘪	35	
修理双表、真空泵操作	1）正确认识压力表的读数 2）合理选用压力表量程 3）正确选择真空泵 4）双表及真空泵的操作	10	
卤素检漏灯操作	1）正确使用卤素检漏灯 2）检漏操作	10	
电子卤素检漏仪操作	1）正确使用电子卤素检漏仪 2）检漏操作	10	
实训报告		25	
合计		100	

实 训 二

系 统 管 道 焊 接

2

一、 实训目的
二、 相关理论和技能
三、 实训设备和材料
四、 实训步骤
五、 实训记录
六、 考核标准

一、实训目的

1）了解氧-乙炔气焊接设备的结构及工作原理。
2）掌握氧-乙炔气焊接设备的基本操作方法。
3）了解氧-液化石油气焊接设备的结构及工作原理。
4）掌握氧-液化石油气焊接设备的基本操作方法。
5）掌握便携式焊具的基本操作方法。
6）了解常用焊料及焊剂的特点。
7）熟练掌握制冷系统中各种管道焊接方法。

二、相关理论和技能

1. 氧-乙炔气焊设备

氧-乙炔气焊设备由氧气瓶、乙炔瓶、氧气减压器、乙炔减压器、橡胶管、焊炬组成，如图 2-1 所示。

（1）氧气瓶　氧气瓶是贮存和运输高压氧气的容器。氧气瓶容量一般为 40L，额定工作压力为 15MPa。瓶体漆成天蓝色，并漆有“氧气”黑色字样。

焊接过程中必须正确地保管和使用氧气瓶，否则，有爆炸的危险。禁止将氧气瓶和乙炔瓶以及其他可燃气瓶、易爆易燃物品放在一起，不得同车运输。禁止氧气瓶接触油脂。运输、存放和使用氧气瓶时应妥善可靠地固定，防止撞击和倒下，操作中氧气瓶距离乙炔发生器、明火或热源应大于 5m。

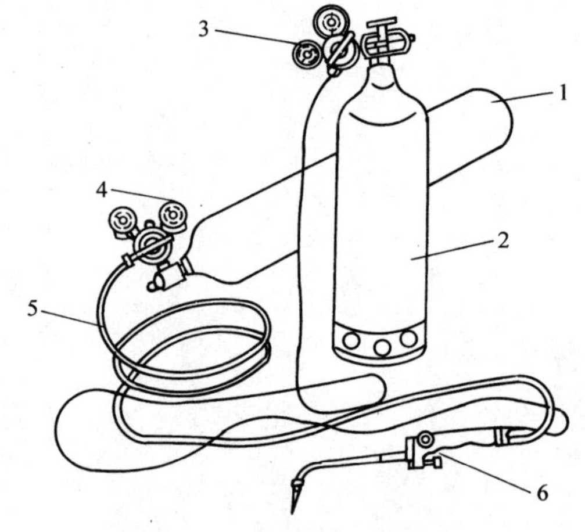

图 2-1　氧-乙炔气焊设备
1—氧气瓶　2—乙炔瓶　3—乙炔减压器　4—氧气减压器　5—橡胶管　6—焊炬

（2）乙炔瓶　乙炔瓶是贮存和运输乙炔的容器。乙炔瓶容量一般为 40L，额定工作压力为 1.5MPa。瓶体漆成白色，并漆有“乙炔”红色字样。

乙炔易溶于丙酮，根据这一特性，在乙炔瓶内装有浸满着丙酮的多孔性填料，可使乙炔稳定而安全地贮存在瓶中。

在使用乙炔瓶时，除应遵守上述氧气瓶的使用要求外，还应注意：必须配备回火保险器，瓶体温度不得超过 30～40℃；搬运、装卸、存放和使用时应注意竖立放稳；不能遭受剧烈振动；乙炔瓶和氧气瓶之间距离不得小于 5m，在其附近严禁烟火；乙炔瓶和减压器连接必须可靠，不得漏气；乙炔瓶与工作场地之间距离不得小于 10m。

（3）减压器　减压器是将气瓶中高压气体的压力减到气焊气割所需压力的一种调节装置。减压器不但能降低压力、调节压力，而且能使输出的低压气体的压力保持稳定，不会因为气源压力降低而降低。气焊时氧气的工作压力为 0.2～0.4MPa，乙炔的工作压力为 0.1～0.15MPa，如图 2-2 所示。

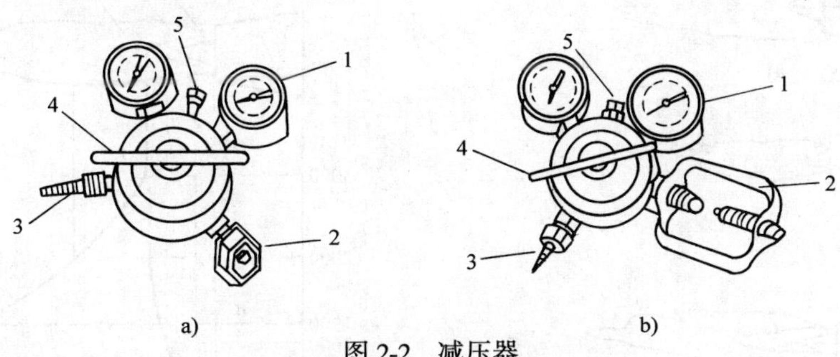

图 2-2 减压器

a) 氧气减压器 b) 乙炔减压器

1—氧气表 2—钢瓶接头 3—软管接头 4—丝锥 5—安全塞

(4) 回火保险器 正常气焊时，火焰在焊炬的焊嘴外面燃烧，但当发生气体供应不足或管路焊嘴阻塞等情况时，火焰会进入喷嘴沿着乙炔管路向里燃烧，这种现象称为回火。如果回火现象蔓延到乙炔瓶，就可能引起爆炸事故。回火保险器就是装在燃料气体系统上的防止向燃气管路或气源回烧的保险装置，一般有水封式与干式两种。

干式回火保险器的工作原理如图 2-3 所示。当回火时，高温高压的回火气体从出气口倒流入回火保险器里，活门关闭，回火气体爆破橡胶膜泄压，排入大气。

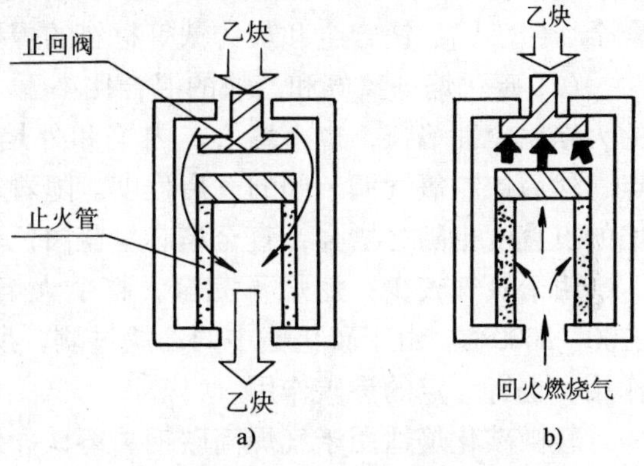

图 2-3 干式回火保险器的工作原理

a) 正常工作 b) 发生回火

(5) 焊炬 焊炬是气焊时用于控制气体混合比、流量及火焰并进行焊接的工具。常用射吸式焊炬型号有 H01-2 和 H01-6，其构造原理见图 2-4。

(6) 橡胶管 氧气橡胶管应为黑色，内径为 8mm，工作压力为 1.5MPa，试验压力为 3.0MPa。乙炔橡胶管应为红色，内径为 10mm，工作压力为 0.5MPa 或 1MPa。橡胶管长度为 10～15m，不可短于 5m，但太长也会增加气体流动的阻力。

2. 氧-乙炔焰的调节和选择

氧-乙炔焰由于氧气和乙炔的混合比不同有三种火焰：中性焰、氧化焰和碳化焰，如图 2-5 所示。

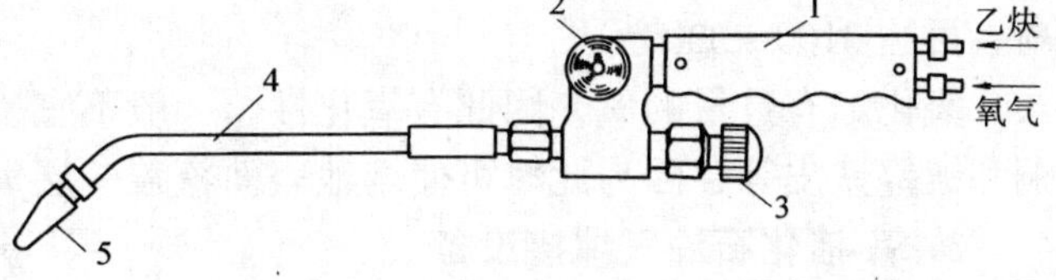

图 2-4 射吸式焊炬

1—手柄 2—乙炔阀门 3—氧气阀门 4—混合管 5—焊嘴

(1) 中性焰 氧气和乙炔的混合比为 1.1～1.2 时燃烧所形成的火焰称为中性焰，又称正常焰。它由焰心、内焰和外焰三部分组成。焰心靠近喷嘴孔呈尖锥状，色白明亮，轮廓清晰；内焰呈蓝白色，轮廓不清，与外焰无明显界限；外焰由里向外逐渐由淡紫色变为橙黄色。火焰各部分温度分布见图 2-6。

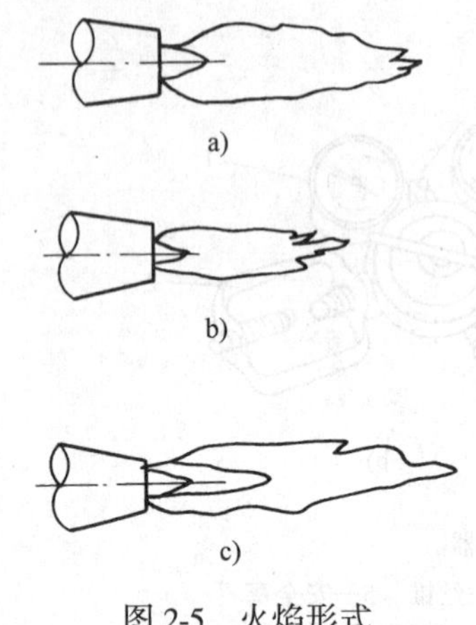

图 2-5 火焰形式
a）中性焰 b）氧化焰 c）碳化焰

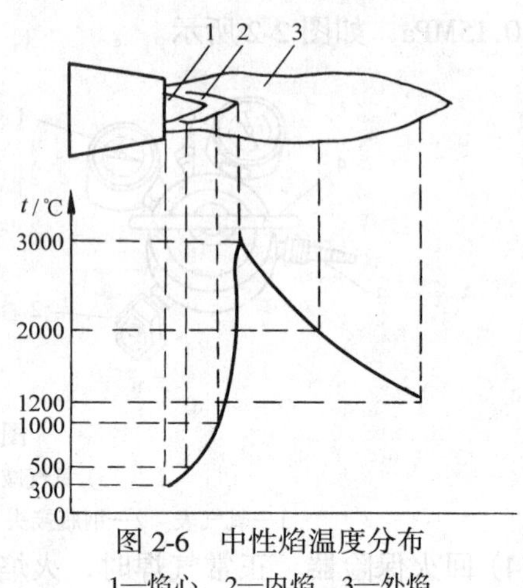

图 2-6 中性焰温度分布
1—焰心 2—内焰 3—外焰

中性焰焰心外 2～4mm 处温度最高，达 3150℃左右，因此气焊时应使焰心离开工件表面 2～4mm，此时热效率最高，保护效果最好。

中性焰应用最广，适于低碳钢、中碳钢、低合金钢、不锈钢、纯铜、锡青铜、铝及铝合金、铅、锡、镁合金和灰铸铁等材料的焊接。

(2) 碳化焰　氧气和乙炔的混合比小于 1.1 时燃烧所形成的火焰称为碳化焰。碳化焰的火焰比中性焰长，也由焰心、内焰和外焰构成。点火后，可将乙炔调节阀开得稍大一点，然后控制氧气调节阀的开启程度。随着氧气供应量的增加，内焰的外形逐渐减小，火焰的挺直度也随之增强，直至焰芯呈蓝白色，内焰呈淡白色，外焰呈橙黄色为止。

由于氧气较少，燃烧不完全，整个火焰比中性焰长，且温度也较低，最高温度约为 2700～3000℃。由于碳化焰中的乙炔过剩，所以内焰中有多余的游离碳，具有较强的还原作用，也有一定的渗碳作用。

轻微碳化焰适用于气焊高碳钢、铸铁、硬质合金等材料。焊接其他材料时，会使焊缝金属增碳，变得硬而脆。

(3) 氧化焰　氧气和乙炔的混合比大于 1.2 时燃烧所形成的火焰称为氧化焰。随着氧气调节阀开启程度的增大，内焰将消失，焰芯和外焰缩短，焰芯变尖并呈淡紫色，火焰挺直，燃烧时发出急剧的“嘶、嘶”声。由于氧气较多，燃烧比中性焰剧烈，温度比中性焰高，可达 3100～3300℃。

氧化焰有过量的氧，因此有氧化性，一般不宜采用。轻微氧化的氧化焰适用于气焊黄铜和镀锌铁皮等，因为此时可使熔池表面覆盖一层氧化锌薄膜，防止了锌的蒸发。

3. 氧-液化石油气焊接设备

氧-液化石油气焊接设备由液化石油气钢瓶、氧气瓶、液化气减压阀、焊炬、氧气减压阀、充注过桥等组成，该设备操作简单，安全方便，特别适用初学者使用。

4. 便携式焊具

便携式焊具由丁烷钢瓶、氧气瓶、焊炬、氧气减压阀、充注过桥等组成，该设备操作简单，安全方便，特别适用上门维修。

5. 焊料

制冷系统对密封性要求很高，而系统的密封性主要靠高质量焊接来保证，合理地选用焊料是保证焊接质量的重要环节。

焊接管路的常用焊料类型有：Ag-Cu-P 类、Ag-Cu 类、Ag-Cu-Zn 类、Cu-P 类和 Cu-Zn 类等。

铜管与铜管焊接可选用磷铜焊料或低含银量的磷铜焊料。这种焊料价格比较便宜，具有良好的漫流、填缝和润湿性能，而且不需要用焊药。不需焊药的焊料称为自性焊料，这一特性对电冰箱制冷系统的焊接很重要。因为焊药有强腐蚀性，若焊后的残留物清洗不净，将带来极大的后患。尤其是焊接铝蒸发器附近的接头时，若有焊药滴溅到蒸发器表面，不久就会将铝腐蚀穿孔。如果残留的焊药未清洗干净，在电冰箱使用过程中会溶于霜水中，流到蒸发器表面，就会造成严重腐蚀。

铜管与铜管或钢管与钢管的焊接，可选用银铜焊料和适当的焊药，焊后必须将焊口附近的残留焊药用热水或水蒸气刷洗干净，以防产生腐蚀。使用焊药时不宜用水稀释，最好用酒精稀释，调成糊状，涂于焊口表面。焊接时酒精迅速蒸发而形成平滑薄膜不易流失，同时也可避免水分侵入制冷系统的危险出现。

目前国内常用的焊料牌号及性能见表 2-1。

表 2-1 常用的焊接焊料牌号及性能

类别		牌号	国别和标准	主要元素质量分数（%）							焊接温度/°C	抗拉强度/MPa	伸长率（%）	说明
				w_{Ag}	w_{Cu}	w_{Zn}	w_P	w_{Cd}	其他	杂质				
银铜焊料	Au-Cu-Zn类	料 301	中国	9.7～10.3	52～54	35～38			$w_{Pb}<0.15$	<0.5	815～850			铜管与铜管 铜管与钢管 钢管与钢管 } 使用焊药
		料 302	中国	24.7～25.3	39～41	33～36.5			$w_{Pb}<0.15$	<0.5	745～775			
		料 303	中国	44.5～45.5	29.5～31.5	23.5～26			$w_{Pb}<0.15$	<0.5	660～725			
		料 312	中国	39～41	16.4～17.4	16.6～18.6	$w_{Ni}=0.1～0.5$	25～26.5	$w_{Pb}<0.2$	<0.5	595～605			铜管与钢管 钢管与钢管 } 使用焊药
		MP-30	德国 DIN-8513	30±1	27±1	21±1		22±1		<0.15	605～690	444	25	
		N-20	德国 DIN-8513	17±0.1	41±1	26±1		15.8±1	$w_{Si}=0.2±0.1$	<0.15	655～780	464	30	
		SILVER、FLO-12	德国 DIN-8513	12±1	53±1	35±1		<0.025		<0.15	810～835	414	34	

（续）

类别		牌号	国别和标准	主要元素质量分数（%）							焊接温度/°C	抗拉强度/MPa	伸长率（%）	说明
				w_{Ag}	w_{Cu}	w_{Zn}	w_{P}	w_{Cd}	其他	杂质				
铜磷焊料	Cu-P类	料909	中国	1~2	余		5~7				715~730	529	12.5	铜管与铜管
		料204	中国	14~16	余		4~6				640~815			
		料203	中国		余		5~7		w_{Sb} = 1.5~2.5		650~700			不用焊药
		CILFOS-5	美国ASTM	5±0.5	89±1		$6^{+0.5}_{-0.0}$			<0.15	640~704	559	17	铜管与铜管
		PK-2	B260-627	2±0.2	91±1		7^{+1}_{-0}			<0.2	645~745	490	5	
		П MoHpb-4003	前苏联		余		5.3~6.3	w_{Zr} = 0.01~0.05	w_{Sn} = 3.5~4.5		680~720			
		П MCb-0.15	前苏联		余		6.0~7.5		w_{Si} = 0.2±0.1		750~780			不用焊药
		П MM8.5-8.5	前苏联		余		8.5		w_{Ni} = 8.5		660~700			
铜锌焊料	Cu-Zn类	料103	中国		52~56	余	w_{Mn} = 0.6~0.8	w_{Sn} = 0.4~0.6	w_{Si} = 0.2~0.25	<0.13	885~890	471	30	铜管与铜管 铜管与钢管 钢管与钢管 } 使用焊药
		PRO-L	德国DIN-8513		59~60	余					890~990			

三、实训设备和材料

1）氧-液化石油气焊接设备　1套

2）氧-乙炔气焊接设备　1套

3）便携式焊具　1套

4）氧气瓶（装满氧气）　1瓶

5）氮气瓶（装满氮气）　1瓶

6）扩管器 1套
7）胀管器 1套
8）铜焊条 1kg
9）割刀 1把
10）银焊条 1kg
11）磷铜助焊剂 1瓶
12）铝焊粉 1瓶
13）常用五金工具 1套
14）铜管、铁管、铝管 若干

四、实训步骤

1. 焊接设备实训

（1）氧-乙炔气焊接设备操作步骤

1）选择小号H01-2型，或特小号H01-6型焊炬，3~4号焊嘴，按图2-1安装好焊接设备。

2）在确保设备完好的情况下，打开乙炔瓶阀和氧气瓶阀，此时瓶内的压力由各自的高压表显示出来，再顺时针方向调节各自减压器上的顶丝，以低压表观察，调到所需要的压力。一般氧气压力为0.2~0.4MPa，乙炔的压力为0.1~0.15MPa。检查各调节阀和管接头处有无泄漏。

3）选择ϕ1.5~2mm的铜焊条，焊剂可选铜焊粉。初学者最好选用银焊条及银焊粉，因价格便宜，使用也方便。

4）点火操作。右手拿焊枪，左手逆时针少许拧开氧气阀，再开乙炔阀，（开启程度要小些，以免乙炔气燃烧不充分而产生黑烟灰）然后点火，如图2-7所示。开始点燃时，如果氧气压力过大或乙炔不纯，就会连续发出“叭、叭”的声音或发生不易点燃的现象。

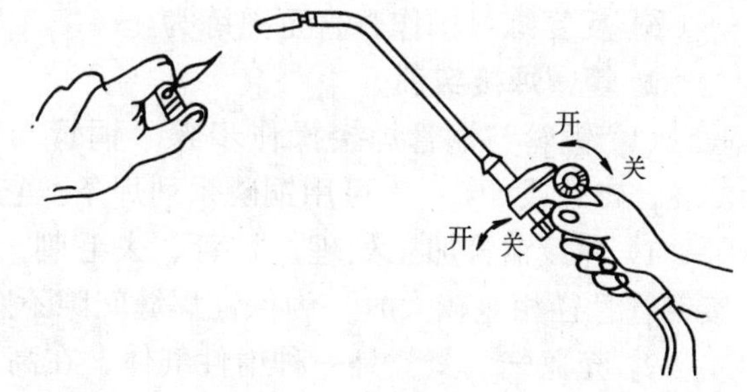

图2-7 点火操作

5）焊接火焰的调整。调节氧气和乙炔的混合比，使火焰呈中性焰。焰心呈光亮的蓝色，火焰集中，轮廓清晰。

6）焊接完毕后，先关焊枪的乙炔阀，再关氧气减压阀，最后，松开各自减压器上的顶丝和关闭各自的瓶阀。

7）反复练习氧-乙炔焰的操作，直至熟练为止。

（2）氧-液化石油气焊接设备操作步骤

1）选择小号H01-2型，或特小号H01-6型焊炬，3~4号焊嘴，按图2-1安装好焊接设备。

2）在确保设备完好的情况下，打开液化石油气瓶阀和氧气瓶阀，此时氧气瓶内的压力由高压表显示出来，再顺时针方向调节氧气减压器上的顶丝，以低压表观察，调到所需要的压力。检查各调节阀和管接头处有无泄漏。一般氧气压力为0.2～0.4MPa。液化石油气瓶减压阀不需调节。

3）点火操作。右手拿焊枪，左手逆时针少许拧开氧气阀，再开液化石油气阀，然后点火。

4）焊接头焰的调整。调节氧气和液化石油气的混合比，使火焰呈中性焰。焰心呈光亮的蓝色，火焰集中，轮廓清晰。

5）焊接完毕后，先关焊枪的液化石油气阀，再关氧气阀，最后，松开氧气减压器上的顶丝和关闭各自的瓶阀。

6）反复练习操作，直至熟练为止。

（3）便携式焊具操作步骤

1）按图2-1安装好焊接设备。

2）在确保设备完好的情况下，打开丁烷气瓶阀和氧气瓶阀，此时氧气瓶内的压力由压力表显示出来，再顺时针方向调节氧气减压器上旋钮，调到所需要的压力（氧气减压器上没有低压表，根据经验调节）。检查各调节阀和管接头处有无泄漏。丁烷气瓶不需要减压调节。

3）点火操作。右手拿焊枪，左手逆时针少许拧开氧气阀，再开丁烷气阀，然后点火。

4）焊接火焰的调整。调节氧气和丁烷气的混合比，使火焰呈中性焰。焰心呈光亮的蓝色，火焰集中，轮廓清晰。

5）焊接完毕后，先关焊枪的丁烷气阀，再关氧气减压阀，最后，松开氧气减压器上的顶丝和关闭各自的瓶阀。

6）反复练习操作，直至熟练为止

2. 管道焊接实训

（1）铜管与铜管焊接操作步骤　铜管与铜管焊接一般采用银焊，银焊条的含银量为25%、15%或5%；也可用铜磷系列焊条。它们均具有良好的流动性，并不需要焊剂。

1）焊接铜管加工处理。扩管、去毛刺，旧铜管还必须用砂纸去除氧化层和污物；焊接铜管管径相差较大时，为保证焊缝间隙不宜过大，需将管径大的管道夹小。

2）充氮气。氮气是一种惰性气体，在高温下不会与铜发生氧化反应，而且不会燃烧，使用安全、价格低廉。而铜管内充入氮气后进行焊接，可使铜管内壁光亮、清洁，无氧化层，从而有效控制系统的清洁度。

3）打开焊枪点火，调节氧气和乙炔的混合比，选择中性火焰。

4）先用火焰加热插入管稍热后把火焰移向外套管，再稍摆动加热整个管子，当管子接头均匀加热到焊接温度时（显微红色），加入焊料（银焊条或磷铜焊条）。焊料熔化是靠管子的温度，并用火焰的外焰维持管子接头的温度，而不能采用预先将焊料熔化后滴入焊接接头处，然后再加热焊接接头的方法，这样会造成焊料中的低熔点元素挥发，改变焊缝成分，影响接头的强度和致密性。

5）焊接完毕后，将火焰移开，关好焊枪。

6）检查焊接质量，如发现有砂眼或漏焊的缝隙，则应再次加热焊接。

7）反复练习焊接，直至熟练为止。

（2）铜管与钢管焊接操作步骤　铜管与钢管的焊接一般采用5%、45%、35%或25%的银焊条，要求有良好的流动性，而且有焊剂的帮助。焊剂的作用是清洁焊条嵌入部位，氧化焊接部位，使焊料顺利流入。所以焊剂应是柔性混合物或粉末状。

1）对焊接的铜管和钢管进行加工处理，胀管、去毛刺，如果是旧管则必须去除氧化层、油漆及油污等。

2）打开焊枪调节氧气和乙炔的混合比，选择增碳低温焰。

3）在加热前，先将焊剂均匀涂在待焊接部位。

4）加热插入管和套管。

5）当管子加热完比，焊剂熔化成液体时，立即将焊料放到焊点上，用焊枪维持温度，直到焊料流入两管间的缝隙内。

6）将火焰移开，关闭焊枪。

7）检查焊缝质量，发现焊缝仍有缝隙或有砂眼，则重新加热补焊。

8）反复练习焊接，直至熟练为止

（3）铜铝接头焊接操作步骤　在电冰箱泄漏故障中，有相当一部分是铜铝接头处泄漏。铜铝接头焊接工艺比较难掌握。焊接时应仔细操作。

1）做好焊接前的准备工作。先将泄漏的铜铝接头焊开，把泄漏的那段管子用割刀割掉，然后将铜管内壁清理干净，同时将铜管外表面的氧化膜、灰尘或油脂清除掉。

2）把管壁内外清理干净的铜管（铜管外径等于铝管内径）外壁均匀涂上已调制好的糊状铝焊粉，插入铝管内10mm。

3）打开焊枪，调节氧气和乙炔的混合比，选择中性焰。

4）用火焰对准与铝管相邻的那部分铜管进行加热，加热要均匀，速度要快，不允许只局部加热，直到加热至铝管开始熔接于铜管上，此时将铜管稍作转动，使之均匀熔在一起，再将焊枪迅速拿开。

5）关好焊枪。

6）冷却后，用水清洗干净，用氧气吹去管内污物。

7）反复练习焊接，直至熟练为止。

（4）管管接头焊接质量检查　为保证维修过程中焊接质量，对每个焊接接头应进行质量检查，一般可采用以下两种方法：

1）目测检查。对被焊接部分用肉眼或借助放大镜检查焊缝外观质量，焊缝不得有裂纹、气孔等缺陷，焊缝应光滑平整。

2）气压检查。管道焊入系统后，可在系统中充入氮气，氮气压力一般高压侧为1.5MPa，低压侧可充入0.8～1.2MPa，然后用一定浓度的肥皂液涂在焊缝处进行查漏。如果是单体设备还可将其置于水池中进行检查。

3. 注意事项

1）严格按照操作规程使用焊接设备。

2）焊接设备使用应在专业教师的指导下进行。

3）氧气瓶严禁接触油及油污。

4）实训中焊接好的铜管应统一堆放，以防烫伤或烫坏焊接橡胶管。

5）严禁将焊枪对准人或焊接设备、橡胶管。

6）焊接时，火焰要强，焊接速度要快。如果焊接时间过长，管道生成氧化磷等过多，这样氧化物混入系统中，可能会导致毛细管堵塞，影响系统正常运行。

7）焊接设备出现故障时，应立即报告老师，不可自行随便拆修，更不可带故障继续工作。

8）现场应配备必要的消防器具。

五、实训记录

1）氧-乙炔气使用时应注意哪些规则？

2）如何得到中性焰、氧化焰、碳化焰？

3）氧-乙炔气焊接设备、氧-液化石油气焊接设备、便携式气焊具有什么区别？

4）吹氮焊接有什么优点？

5）铜管与钢管焊接时是否一定要用焊药？

6）铜管与钢管焊接时应注意什么？

7）填写实训记录，见表 2-2。

表 2-2 实训记录

设备名称	规格型号	适用范围	特 点
氧-乙炔气气焊			
氧-液化石油气气焊			
便携式气焊具			
焊料			
焊剂			

六、考核标准

考核标准见表 2-3。

表 2-3 考核标准

项 目	技术要求	分 值	得 分
氧-乙炔气气焊操作规程	1）安全措施 2）设备安装正确 3）设备操作规范、熟练	25	
氧-液化石油气气焊操作规程	1）安全措施 2）设备安装正确 3）设备操作规范、熟练	10	

（续）

项　　目	技术要求	分　值	得　分
便携式气焊具操作规程	1）安全措施 2）设备安装正确 3）设备操作规范、熟练	10	
铜管与铜管焊接	1）设备选用合理 2）焊缝光滑平整，无泄漏、堵塞	10	
铜管与钢管焊接	1）设备选用合理 2）焊缝光滑平整，无泄漏、堵塞	10	
铜管与铝管焊接	1）设备选用合理 2）焊缝光滑平整，无泄漏、堵塞	15	
实训报告		20	
合计		100	

实训三

制冷系统维修基本工艺

3

一、实训目的
二、相关理论和技能
三、实训设备和材料
四、实训步骤
五、实训记录
六、考核标准

一、实训目的

1）了解常用清洗剂的性质，掌握制冷系统清洗方法。

2）掌握制冷系统常用检漏方法及操作步骤。

3）掌握制冷系统试压操作方法。

4）掌握制冷系统抽真空操作方法。

5）掌握制冷系统充注氟利昂的操作方法。

二、相关理论和技能

1. 制冷系统清洗

制冷系统严重污染后（压缩机烧毁），在更换新的压缩机前，必须换新的干燥过滤器，因干燥过滤器内的污物最多，而且难以消除。同时应将冷凝器、蒸发器和毛细管进行彻底清洗。常用清洗剂 R113。其清洗方法如下：

1）对于毛细管与蒸发器的接口可以拆出的制冷系统（如单门电冰箱、间冷式双门电冰箱或接口在冷藏室的直冷式双门电冰箱），用气焊枪将接口熔开取下毛细管，再将干燥过滤器与毛细管和冷凝器的焊口熔开取下，用铜管将冷凝器的出口和蒸发器的进口连接起来，在拆下压缩机后的吸、排气管处与清洗设备连接好，即可进行清洗。然后，将清洗设备接于毛细管两端清洗毛细管。经清洗后，制冷系统是否合格，可用检验冷冻油酸度的方法来检验清洗剂，以无酸度反应为合格。最后，用氮气将清洗剂吹除干净。清洗时，清洗剂保持 0.2～0.4MPa 的表压力，吹除清洗剂的氮气压力为 0.8～1MPa。

2）对于毛细管与蒸发器的接口难以拆开的制冷系统，可将干燥过滤器拆下，对冷凝器和毛细管、蒸发器组分别清洗。清洗冷凝器时，将清洗设备连接于冷凝器的两端进行，清洗毛细管、蒸发器组时，将清洗设备连接于毛细管和回气管进行。这种方法不需拆下蒸发器，比较简单，但由于毛细管流阻很大，清洗剂流量较小，不易将污染物洗净，因此，需要采用气液交替的清洗方法。

2. 制冷系统试压、检漏

制冷系统是由压缩机、冷凝器、蒸发器、毛细管、过滤器等部件用管道连接而成的全封闭系统，它有很高的密封性要求，因此，系统焊接完成后一定要进行试压、检漏，确保系统的密封性。

制冷系统的试压、检漏是一项非常细致的工作，要有耐心。常用的检漏方法有以下几种：

（1）直观检漏法　电冰箱、空调器的制冷剂 R12、R22 与冷冻油有一定的互溶性，制冷剂泄漏时，冷冻油也会渗出，运用这一特性，用目测或手摸系统焊接处有无油污的方法，可以判断该处有无泄漏。另外，高压侧有较大的泄漏时，在较安静的环境下，也能听到明显气流声音。此类方法一般修理时可以作为初步判断，且仅对暴露在外的管道进行检查。

(2) 压力检漏法　压力检漏法最常用的有两种，即氮气打压检漏和制冷剂打压检漏。在一般维修操作过程中，以氮气打压检漏为主，而制冷剂检漏通常是在系统抽真空、充注制冷剂完成后采用或维修过程采用。氮气是一种比较安全的气体，不易燃烧，无腐蚀性，干燥效果好，价格比较经济。制冷系统内充氮气试压压力一般为0.6～0.8MPa。

(3) 电子检漏法　电子检漏法是使用电子检漏仪对制冷剂泄漏进行检漏的方法，当系统采用制冷剂打压时方可使用。

电冰箱维修过程中经过检压、检漏，对其泄漏点经过适当处理后，进行保压试漏。保压一般用氮气而不用制冷剂，保压压力一般为0.6～0.8MPa，保压时间为24h。一般24h压力降不允许超过0.01MPa，如果压力降超过0.01MPa，则说明系统中仍然存在泄漏部位。上述操作过程需要重复进行，直至完善。

3. 制冷系统抽真空和充注制冷剂

制冷系统保证24h后压力无明显变化，说明系统无泄漏，可对系统进行抽真空和充注制冷剂。

(1) 抽真空　电冰箱制冷系统对真空要求较严格，所以在充注制冷剂之前，必须严格地进行抽真空处理。抽真空的方法分为三种：真空泵抽空、压缩机抽空和自我抽空。由于后两种方法真空度不够，一般情况下均采用真空泵进行抽真空，真空泵抽真空分为单侧、双侧和二次抽。

(2) 制冷剂充注　制冷系统通过打压、检漏、维修、抽真空等一系列操作完成后，应立即充注制冷剂，以恢复系统正常工作。

制冷剂的充注量判断；在工厂里通常是用定量的加液设备定量充注，但是在实验室或普通维修场所不具备上述条件而是通过表压、结合维修经验判断。

单门和双门电冰箱开机、停机压力如下：

单门电冰箱的开机压力：冬天0.05～0.06MPa；夏天0.06～0.07MPa。

单门电冰箱的停机压力：冬天0.13～0.15MPa；夏天0.15～0.18MPa。

双门电冰箱的开机压力：冬天0.02～0.03MPa；夏天0.03～0.04MPa。

双门电冰箱的停机压力：冬天0.12～0.15MPa；夏天0.15～0.18MPa。

根据以上压力参考值，维修人员在充注制冷剂时，开起电冰箱，边充注边观察，当冰箱运行5min后，用手摸冷凝器盘管，看是否上热、中温、下部和环境温度差不多。再打开箱门听一听蒸发器内制冷剂的循环流动声是否像流水声一样。灌注量适中时，靠近蒸发器出口的低压回气管处用手摸应感到凉，但不结霜或结一点霜。如果充灌制冷剂后回气管挂满了霜，说明制冷剂充注过多，此时会出现冰箱降温效果差、压缩机长期运转不停机等情况。这时可从修理阀口放出多余的制冷剂，当低压回气管挂的霜全部融化时关闭修理阀。如果充灌制冷剂后，开始蒸发器结霜正常，这一段时间全化成水，摸冷凝器很热、蒸发器很凉就是不结霜，这是制冷剂充注过多的又一种现象。遇到这种情况，也必须放出多余的制冷剂，直至蒸发器结霜正常为止。制冷剂充注量和电冰箱运行性能之间的关系见表3-1。

表 3-1 制冷剂充注量和电冰箱参数及各部件性能的关系

制冷剂充注量	电流	低压压力	低压回气管	高压排气管	冷凝器	蒸发器	过滤器
R12 略少	低于额定电流值	小于蒸发压力	温	不烫	温	积霜不匀	冷
R12 太少	低于额定电流值	小于蒸发压力	温	不烫	温	半边霜	冷
R12 稍多	高于额定电流值	大于蒸发压力	凉	烫	烫	浮霜	热
R12 过多	高于额定电流值	大于蒸发压力	结霜	过烫	烫	浮霜	烫
R12 太多	高于额定电流值	大于蒸发压力	全是水	过烫	上、下全烫	全是水	烫
R12 准确	等于额定电流值	蒸发压力正常 单门 0.8MPa 双门 0.2～0.3MPa	略温	烫	上热中温下与环境温度相同	积霜均匀	略高于环境温度

三、实训设备和材料

1）2XZ-1 真空泵　1台
2）氧气瓶（充满氧气）　1瓶
3）氮气瓶（充满氮气）　1瓶
4）手提焊矩　1套
5）胀管器　1套
6）扩管器　1套
7）割刀　1把
8）双表维修阀总成　1套
9）电子检漏仪　1只
10）定量加液器　1只
11）铜管　若干
12）电冰箱　1台

四、实训步骤

1. 电冰箱系统清洗实训

1）用割管器割开工艺管口，放掉系统中的制冷剂。
2）用气焊枪将压缩机和过滤器拆下。
3）按图 3-1 将清洗设备和冷凝器连接好。

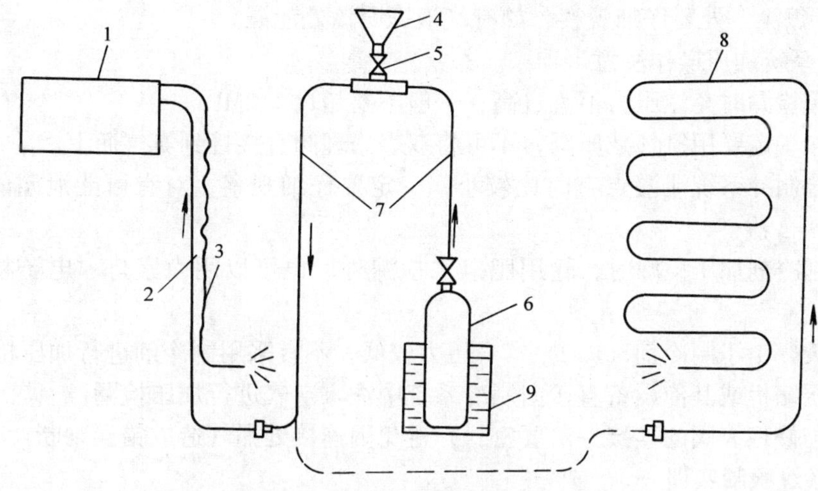

图 3-1 系统清洗

1—蒸发器 2—回气管 3—毛细管 4—漏斗 5—截止阀 6—氟瓶 7—连接管道 8—冷凝器 9—水槽

4）接通电源，开起清洗泵进行清洗。

5）经清洗后，制冷系统是否合格，可用检验冷冻油酸度的方法来检验清洗剂，以无酸度反应为合格。

6）清洗完成后用氮气将清洗剂吹除干净，清洗时，清洗剂保持 0.2～0.4MPa 的表压力，吹除清洗剂的氮气压力为 0.8～1MPa。

7）同样方法清洗蒸发器、毛细管。清洗毛细管、蒸发器组时，将清洗设备连接于毛细管和回气管进行。这种方法不需拆下蒸发器，比较简单，但由于毛细管流动阻力很大，清洗剂流量较小，不易将污染物洗净，因此，需要采用气液交替的清洗方法。

2. 制冷系统试压实训

（1）制冷系统氮气加压操作步骤

1）切开电冰箱工艺管，排空系统内制冷剂。

2）用焊枪在电冰箱工艺管上焊接好工艺检修口。

3）用软管连接电冰箱工艺检修口、双表阀及氮气钢瓶减压阀，如图 3-2 所示。

4）打开修理双表阀和氮气瓶阀门。

5）调节氮气减压阀，使氮气缓缓进入系统，同时注意观察修理双表阀压力表上的压力值。

6）当压力达到 0.8MPa 时，关闭修理表阀和氮气瓶阀门，松开氮气减压阀丝锥。加压结束。

7）加压结束后，用肥皂检漏。检漏时用毛笔或小毛刷子蘸肥皂水涂抹在有可能

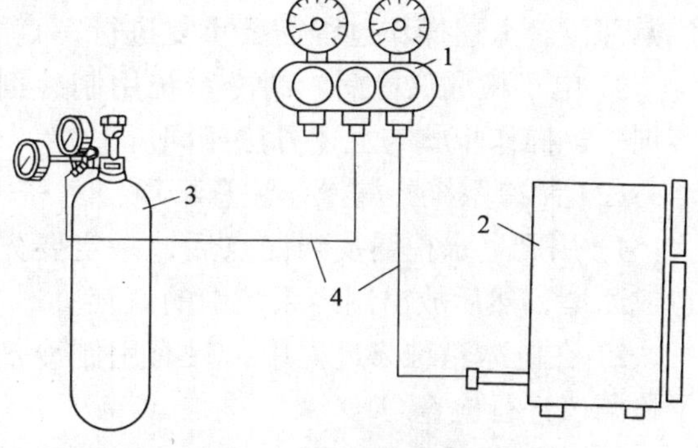

图 3-2 系统加压

1—双表修理阀 2—电冰箱 3—氮气瓶 4—连接软管

泄漏的部位，每涂一处要仔细观察，如有气泡证明该处泄漏。

(2) 制冷系统加压操作注意事项

1) 电冰箱检漏时充注压力不宜过高，一般不要超过1.2MPa。

2) 氮气瓶一定要用氮气减压阀，不可将双表修理阀直接接到氮气瓶上。

3) 电冰箱制冷系统泄漏点有时比较小，一定要仔细观察，对有可能泄漏的部位应耐心反复检查2~3次。

4) 当对制冷剂加压检漏时，除用肥皂水检漏外，也可以用卤素灯、电子检漏仪进行检漏。

5) 在冬天，由于制冷剂（R12）本身压力较低，不宜采用制冷剂进行加压检漏。

6) 忌用压缩机或其他设备直接向制冷系统中注入空气进行加压检漏。

7) 系统与修理表阀的连接一定要密封，避免因连接处漏气造成错误判断。

3. 制冷系统检漏实训

(1) 检漏操作步骤

1) 直观检漏。用目测或手摸系统焊接处有无油污，如有油污，说明该处存在泄漏。在较安静的环境下，听有无明显气流声音。此类方法一般修理时可以作为初步判断，且仅对暴露在外的管道进行检查。

2) 肥皂水检漏。用毛笔或小毛刷子蘸肥皂水涂抹在初步判断可能泄漏的部位，每涂一处要仔细观察，如有气泡证明该处泄漏，重复涂抹2~3次，准确找到漏点。

3) 如初次未发现可疑漏点，则应用肥皂水涂抹所有外露管道和接头进行检漏。

4) 上述检漏操作如未发现漏点，而维修压力表读数下降，说明电冰箱系统内漏，另行维修。

5) 找到漏点后，先用干毛巾擦去肥皂水，然后松开电冰箱工艺维修口上的连接软管，放出制冷系统中的氮气。

6) 用适当的方法进行补漏。

7) 重新打压检漏，直至系统无泄漏点。

8) 确认系统无泄漏点后，再向系统充入氮气，系统压力为0.8MPa，保压时间为24h。一般24h压力降不允许超过0.01MPa，如果压力降超过0.01MPa，则说明系统中仍然存在泄漏部位。上述操作过程需要重复进行，直至完善。

9) 电子检漏仪检漏。制冷系统用制冷剂加压时可用电子检漏仪检漏。检漏方法详见实训一，操作步骤与上述方法相同。

(2) 制冷系统检漏操作注意事项

1) 用肥皂水检漏找到漏点后，一定要先用干毛巾擦去肥皂水，以免肥皂水进入系统造成冰堵，然后放出制冷系统中的氮气。

2) 在电冰箱维修过程中，只有用制冷剂打压检漏且制冷剂泄漏点很小时，才使用电子检漏仪进行检查。

3) 当制冷系统的泄漏点较大（压力下降很快）时，最好不使用电子检漏仪，以免损坏电子检漏仪。

4) 由于电子检漏仪是精密仪器，在使用过程中，一定要注意轻拿轻放。

5）电子检漏仪灵敏度较高，在使用电子检漏仪进行检漏时，室内必须通风良好（无卤素气体），以免产生错误判断。

6）电子检漏仪在使用过程中，万万不可将检漏口直接对准氟利昂钢瓶，然后打开阀门进行检测，以免损坏设备。

7）电子检漏仪使用完毕后，取出电源，以免设备长期不用时，电池熔化，损坏设备。

4. 制冷系统抽真空实训

（1）制冷系统抽真空操作步骤

1）管道连接。将检修表阀的一端与冰箱工艺口相连接，另一端与真空泵抽气口连接好，如图 3-3 所示。如果是采用双侧同时抽真空则表阀的一端通过三通同时连接工艺管口和冰箱过滤的工艺管口，另一端接上真空泵的抽气口。

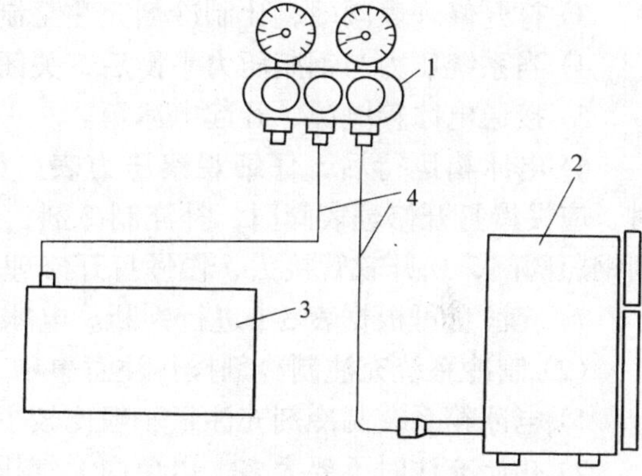

图 3-3 系统抽真空

1—双表修理阀 2—电冰箱 3—真空泵 4—连接软管

2）抽真空。接通真空泵电源，打开真空泵，同时开启修理表阀，进行抽真空。

3）观察修理表阀上的压力表，是否在明显下降，如仍无明显下降，说明管道连接有问题，检查连接管道是否存在泄漏现象。

4）单侧抽真空。当压力表达到极限压力时（约 15～30min），关闭压力表阀，然后关闭真空泵。当系统压力平衡一段时间后（约达到 10min），再进行抽真空，反复操作 2～3 次。

5）二次抽真空。当初次抽真空至极限压力后，关闭压力表阀，然后关闭真空泵，将连接真空泵的管道拆下，接至氟利昂钢瓶，打开钢瓶阀门，适当松开修理表端连接管接口，排除管道内空气后旋紧，打开修理表阀门，向系统中注入适量制冷剂（平衡压力略高于大气压力），然后关闭钢瓶阀门，拆下连接钢瓶接口，将系统中制冷剂排除（与大气压力平衡），然后再次将管道接上真空泵，进行二次抽真空。

6）当真空度达到所要求的真空要求时，关闭系统、修理表阀，然后关闭真空泵，完成抽真空。

（2）制冷系统抽真空注意事项

1）真空泵选择：真空泵的极限真空度要求超过制冷系统所要求的真空要求，真空泵的抽气速率一般视制冷系统大小而定，一般冰箱维修选用的真空泵为 2XZ-0.5、2XZ-1 即可。

2）真空泵在使用过程中要注意其油位，不得低于指示油位，真空泵应使用专用真空泵油。

3）一般制冷系统维修过程中，为方便操作，一般采用的修理表为带负压的压力表（因为不是专用真空表，所以刻度指标不是很清晰。）

4）抽真空的时间不宜太短，一般 30min 左右。

5）抽真空前，制冷系统内压力一定要与大气平衡，以免系统压力过高，造成真空泵喷油。

5. 制冷系统充注制冷剂实训

(1) 制冷系统充注制冷剂操作步骤

1) 在制冷系统抽真空完成后，将修理表阀与真空泵连接软管接头拆下，接到氟利昂钢瓶上，旋紧软管接头，然后打开钢瓶阀门。

2) 适当松开修理表阀端与钢瓶连接的软管接头，排除连接软管内空气，然后旋紧接头。

3) 打开修理表阀门，让制冷剂充注至制冷系统。

4) 当系统压力与钢瓶压力平衡后，关闭修理表阀门。

5) 接通电冰箱电源，开起电冰箱。

6) 电冰箱运行后，仔细观察压力表。如果压力表读数低于正常运行值（或是负压）时，应慢慢打开修理表阀门，补充制冷剂；如果压力表读数高于正常运行值，应关闭制冷剂钢瓶阀门，松开软管接头，慢慢打开修理表阀门，放掉多余制冷剂。

7) 充注量可根据表 3-1 进行判断。电冰箱应正常开停 3~4 次。

(2) 制冷系统充注制冷剂操作注意事项

1) 电冰箱系统制冷剂充注量一般比较少，不要将制冷剂钢瓶倒置。

2) 初始充注时不要太多，以免向大气排放污染环境。

3) 制冷剂充注量调节时，应耐心、仔细。电冰箱正常开停 3~4 次后，确认电冰箱上箱和下箱温度都达到了要求值，然后进行封口处理。

五、实训记录

1) 制冷系统加压检漏时，如冷凝器和蒸发器分别加压检漏，压力分别是多少？

2) 制冷剂加压检漏有何优缺点？

3) 是否可以用压缩空气进行加压检漏？

4) 肥皂水检漏和电子检漏仪检漏各有何特点？

5) 用定量加液器给电冰箱充注制冷剂是否绝对准确？

6) 填写实训记录表 3-2。

表 3-2 实训记录

项目名称	设备型号	操作步骤
氮气加压		
检漏		
抽真空		
充注制冷剂		

六、考核标准

考核标准见表 3-3。

表 3-3 考核标准

项　　目	技术要求	分　　值	得　　分
系统加压	1）压力标准 2）操作方法	15	
系统检漏	1）检漏方法 2）检漏操作	25	
系统抽真空	1）真空泵的选择 2）系统真空度的要求	15	
系统充注制冷剂	1）充注方法 2）充注量的确定	25	
实训报告		20	
合计		100	

实 训 四

电冰箱电器元件及电路

4

一、 实训目的
二、 相关理论和技能
三、 实训设备和材料
四、 实训步骤
五、 实训记录
六、 考核标准

一、实训目的

1) 认识电冰箱元器件，了解其结构及工作原理。
2) 学会判断电冰箱元器件的好坏及接线。
3) 培养学生实物接线能力，加深对电路图的理解。

二、相关理论和技能

电冰箱的常用电器元件一般有压缩机、温控器、融霜定时器、PTC 起动器、重锤起动器等。正确认识以上电器元件，了解其结构，掌握其工作原理，是维修电路过程中不可少的知识。

1. 温控器

电冰箱中常用的温度控制器为温感压力式温度控制器，感温管安装在蒸发器的出口处。一般而言，如果冷藏室的温度低于 0 ℃压缩机仍不停，或高于 10 ℃压缩机仍不起动，说明温度控制器出了故障。

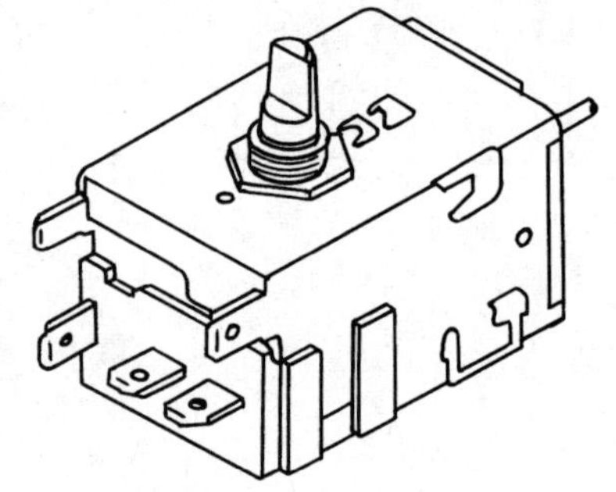
图 4-1 温控器

(1) 温控器形式

1) 定温复位型温控器。定温复位型温控器多用于双门直冷式电冰箱的温度控制，其外形结构如图 4-1 所示，其停点温度可根据调节轴的位置而对应变化，但开点温度始终保持恒定值。通常是每次停机后要等冷藏室蒸发器温度上升到 5 ℃左右才开机，故冷藏室总是保持无霜状态。常用几种温控器型号及技术参数见表 4-1。

表 4-1 定温复位型温控器技术参数

	型号	强制OFF	工作温度/℃					
			W		N		C	
			ON	OFF	ON	OFF	ON	OFF
定温复位型温控器	WDF24K-921-328	有	4 ± 1	− 10 ± 1.1			4 ± 1	24 ± 2
	WDF24K-101-124	有	4 ± 1	− 10 ± 1.1			4 ± 1	24 ± 2
	WDF25J-102-132R	有	3	12	3 ± 1.5	− 16 ± 1.5	3	− 25
	WDF26M-921-122	有	3.5 ± 1.5	− 8.5 ± 2			3.5 ± 1.5	− 26 ± 2
	WDF29U-923-037	有	5 ± 1.1	− 18 ± 2			5 ± 1.1	− 29 ± 1.5
	WDF24K-101-624	有	3.5 ± 1.0	− 8.5 ± 2			3.5 ± 1.0	− 24 ± 1.5
	WDF25.5G-001-100	有	4	− 13.2	4 ± 1.5	− 17 ± 1.5	4	− 22.3
	WDF17A-111-122	有	6	− 9.5	6 ± 1.5	− 13.5 ± 2	6	− 17

2) 融霜复合型温控器。目前多数单门电冰箱在温控器中间装有半自动融霜按钮，在常温下或箱内温度大于 5 ℃时，按下中间按钮能自动弹出。当箱内温度小于

5 ℃时，按下中间按钮即能停机融霜，待箱内温度回升到大于 5 ℃时，中间融霜按钮自动弹出复位，压缩机起动运转，在检修中可按此情况进行判断其好坏。融霜复合型温控器技术参数见表 4-2。

表 4-2　融霜复合型温控器技术参数

	型号	动作温度/℃							
		W			N			C	
		ON	OFF	DEF	ON	OFF	DEF	ON	OFF
融霜复合型温控器	WSF20A-101-001	1		5	-6±1.5	-14±1.5	5±2		-20 以下
	WSF21A-101	1		6	-4.5±1.5	-13±1.5	6±2		-20 以下
	WSF24G-022-009	0.5		5	-6±1.5	-16.5±1.5	5±2		-24 以下
	WSF25.5S-001	-2	-12	5	-6±1.5	17±1.5	5±2	-12.5	-25.5
	WSF22.8L-111	0.2	-6.4	6	-6	-14±1.4	6±2	-18.8	-22.8
	WSF24G-069	0.3		5	-5.5±1.5	-16±1.5	5±2		-24 以下

(2) 温控器在使用过程中常见故障

1) 触点接触不良、烧损或粘连。温度控制器出现接触不良时，电冰箱开停没有规律，制冷性能不稳定，触点烧损或粘连时，电冰箱不起动或不停机。

2) 活动机械部件受损或卡住，电冰箱开停无规律。

3) 温度漂移。温度控制器漂移出厂时调定的温度。

4) 感温剂泄漏。温度控制器感温剂泄漏时，电冰箱将不起动。

2. 电冰箱压缩机

(1) 电冰箱压缩机特点　家用电冰箱用压缩机一般为全封闭容积式压缩机，它具有结构紧凑、体积较小、重量较轻、振动小、噪声低及不泄漏等优点。全封闭容积式压缩机又可分为往复式压缩机和旋转式压缩机，往复式压缩机可细分为滑管式、连杆式和电磁振动式三种。家用电冰箱上用得最多的是滑管式、连杆式和旋转式压缩机。

电冰箱用滑管式、连杆式和旋转式压缩机性能特点见表 4-3 所示。由表可见，滑管式适用于 120W 以下范围小型电冰箱，旋转式适用于 100～300W 范围大中型电冰箱，而连杆式压缩机适用所有范围电冰箱，维修时可以根据电冰箱具体型号的要求来选择压缩机。

表 4-3　滑管式、连杆式和旋转式压缩机性能特点比较

类型		滑管式	连杆式		旋转式
结构分类		曲柄滑管式	曲轴连杆式	曲柄连杆式	滚动活塞式
结构	滑动副/个	2	1	1	2
	转动副/个	2	3	4	2
零件	数量	较多	较多	稍少	约少 1/3
	精度	要求低	要求较高	要求低	要求高
设备	数量	多	多	稍少	较少
	精度	低	较高	略低	高

（续）

类型	滑管式	连杆式		旋转式
产品性能（EER值）	120W 以下接近连杆式，120～200W 比连杆式差，EER 值低	120W 以上好过滑管式，200W 以上明显好于滑管式，EER 值较高	比曲轴连杆式稍好，EER 值较高	性能优于连杆式，EER 值高
使用寿命	10～15 年 故障率：2%/年	＞15 年 故障率：1%/年	＞20 年 故障率：1%/年	＞20 年 故障率：1%/年
维修配套	维修容易， 配套方便	维修不易， 配套方便	维修不易， 配套较方便	维修不易， 配套较难
适用范围	125W 以下小型电冰箱用	适用范围大，电冰箱、空调器	300W 以下	100～300W 电冰箱；800～4000W 空调器

全封闭压缩机外壳上有三根引线柱，机壳外的三个端子分别用于连接起动器和保护器，或者是运行电容器及其他起动装置。而连接机壳内的三个接线端子，用于连接压缩机中电动机的三根引线。

对于单相异步电动机压缩机，常用 C 表示电动机运行绕阻与起动绕阻的共同引出线端（称公共端），用 M 表示运行绕阻的引出线端，用 S 表示起动绕阻的引出线端。

由于压缩机大多采用单相电阻分相式和电容分相式电动机，这类电动机的绕阻分为起动绕阻和运行绕阻。起动绕阻的导线截面积小，圈数较少，其电阻值较大；运行绕阻的导线截面积大，圈数较多，其电阻值较小。

表 4-4 列出了常见电冰箱用压缩机的电阻值。由于电动机绕阻的电阻值与温度有关，温度越高，电阻值越大，因此，电阻值的测量应在电冰箱停机 4h 后进行。表中电阻值是在 20～25 ℃温度下测定的。

表 4-4 电冰箱用压缩机电动机绕阻阻值

制造厂家	压缩机型号	功率/W	起动绕组/Ω	运行绕组/Ω
日本松下公司	FN24N45	75	100	19
	FN51Q10G	100	29	14.5
	FN51F88G	90	42.9	16.2
日本日立公司	HQ651-BQ	61	37	15
	V1001R	92	24	19.2
	VMA909AR	103	25.8	23.2
	VMN101AR	115	25.3	18.9
	VCK101BR	100	25.1	16.8
意大利伊瑞公司	B5A15	61	55.4	31.4
	B8A10	92	55	22
	B8A19	123	50.3	16.1
	B5A42	95	58	29

（续）

制造厂家	压缩机型号	功率/W	起动绕组/Ω	运行绕组/Ω
意大利扎努西公司	E44.101	74	54	18.5
	E44.101A	92	53.5	19.8
法国泰康公司	AZ1328D	98	32.8	17
	AZ1333A	100	30.2	22
	AZ1335D	100	24.8	16.8
	AZ1340D	100	20.7	17.2
	AZ1345D	112	16.5	16.5
丹麦丹佛斯公司	PW3.5K7	74	15	30
	PW4.5K9	92	37	15
上海冰箱压缩机公司	QDX35	104	44.9	31.4
	QDX40	116	44.0	29.8
	QDX45	128	38.2	22.3
广州冷机公司	AQD66	125	30.0	12.7

（2）R134a 压缩机　R134a 旋转式制冷剂压缩机与 R12 制冷剂压缩机存在以下几方面区别：

1）R134a 比 R12 的化学腐蚀性和亲水性增强，R134a 成分中不含氟，使压缩机零部件润滑性变差，引起不利的化学变化，因而其电动机线圈及绝缘材料必须加强绝缘等级。

2）R134a 制冷效率低于 R12，因此必须对压缩机采取一系列高效优化措施：采用高效压缩机电动机，并加装背阀；有效控制压缩机阀片，以提高效率；直接进气，用软管将吸气腔与回气管连接起来，以减少热量损失。

3）压缩机冷冻油必须与制冷剂相溶，并具有良好的润滑性、密封性、低温流动性及化学稳定性等。由于用于 R12 压缩机的矿物油与 R134a 不相溶，因此采用 R134a 作制冷剂时，必须更换冷冻油。

（3）R600a 压缩机　由于 R600a 与 R12 或 R134a 的热物理性能有较大差别，因而必须重新设计 R600a 专用压缩机，国外一些压缩机厂，如 Danfoss、Zanussi、Americold 等都已研制并生产了异丁烷压缩机，并形成了系列。国内一些生产厂也开发出了异丁烷压缩机样机，已开始批量生产。表 4-5 列出了国外一些异丁烷压缩机的部分参数（标准状态下）。

表 4-5　国外异丁烷压缩机性能部分参数（标准状况下）

名称	型号	气缸容积/cm^3	制冷量/W	性能系数/COP
Danfoss	NLE9K	8.4	122	1.36
	NLE10K	10.1	145	1.34
	NLE11K	11.2	167	1.35
	NLE13K	13.3	204	1.34
	NLE15K	14.7	228	1.36

（续）

名称	型号	气缸容积/cm^3	制冷量/W	性能系数/COP
ZEM	HL60AH	6.0	85	1.10
	HL70AH	6.7	95	1.20
	HL80AH	8.8	133	1.24

综上所述，异丁烷压缩机具有如下特点：较高的性能比；优越的运行状况，有很好的可靠性；较低的噪声；在电动机功率不变的状况下，为了达到同等的制冷量，R600a 压缩机的气缸容积要比 R12 压缩机增大 70%以上；所有 R600a 压缩机必须采用 PTC 起动，以减少燃烧爆炸的危险性。

(4) 电冰箱压缩机起动方式　电冰箱压缩机电动机为单相异步电动机，其起动方式有电阻分相起动和电容分相起动两种。每种起动方式都可利用重锤式起动器或 PTC 起动组件来实现。

(1) 电阻分相起动　这种起动方式具有电路简单、成本较低的特点。但起动转矩小，起动电流较大，所以多在 130W 以下电动机上使用。200L 以下电冰箱压缩机功率一般不超过 130W，多采用电阻分相起动方式。由于电动机所产生的转矩与电压的平方成正比，当电源电压降低时，则起动转矩急剧下降，尤其电压过低时，通过运行绕组的电流也较小，就可能使电流起动器的电触点出现虚接现象，使电冰箱压缩机不能起动。

(2) 电容分相起动　它是在起动绕组电路中串联一只电容器，使通过起动绕组的电流相位导前于运行绕组电流相位，即通过起动绕组和运行绕组的电流相位差为 90°角，产生了圆磁场，因而提高了起动转矩。而电阻分相起动电路，其起动绕组与运行绕组电流之间的相位差只有 40°角左右，它所产生的磁场为椭圆磁场，所以，电容分相起动转矩要比电阻分相起动方式有明显的增大。由此可知，电容分相起动方式的起动转矩大，起动电流小，比电阻分相起动优越。通常 150W 以上的电冰箱压缩机多采用电容分相起动。

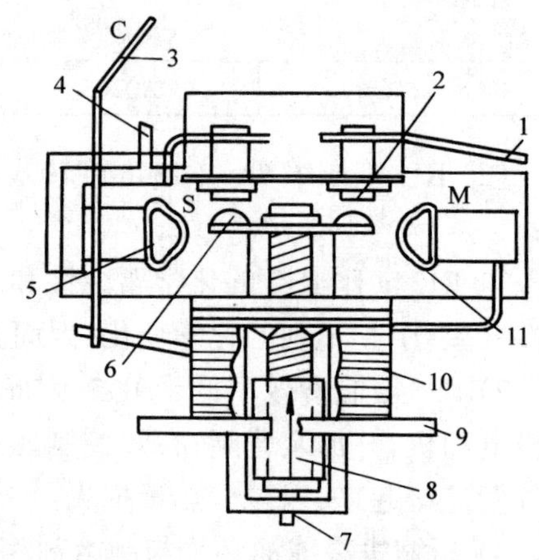

图 4-2　重锤起动器

1—起动电容接线端子　2—起动静触点　3—电源端子　4—电源静触点　5—起动绕阻接线端子　6—动触点　7—调整螺钉　8—衔铁　9—复位弹簧　10—线圈　11—运行绕阻接线端子

3. 重锤起动器

重锤起动器结构如图 4-2 所示。

重锤起动器一共有 3 个外接端子，即电源端子、运转端子和起动端子，区别如下：从外观上看与线圈联接外接插件是电源端子，而与电源线圈相连的另一端即为运转绕阻，另一端子则为起动端子。起动端子、运转端子也可用万用表判别，用万用表测量时将重锤起动器垂直放置，与另外两端不通即为起动端子。

吸合电流和释放电流是重锤式起动器的两个主要技术参数，吸合电流和释放电流的大小主要取决于励磁线圈的匝数和重力衔铁、动触点短路片、弹簧三者的总重量及弹簧力。

国内常见压缩机配用起动继电器的主要技术参数见表 4-6。

表 4-6　重锤式起动继电器主要性能参数

JL1 JL2 JL3 JL4 JL6	规格/HP	1/8	1/7	1/6	1/5	1/4	1/3	1/2
	配用功率/W	93	105	125	150	180	245	370
	最大吸合电流/A	3	3.3	3.6	4.75	5.35	6.0	7.6
	最小释放电流/A	2.6	2.8	3.0	3.35	4.25	4.75	6.0
JL5	最大吸合电流/A	2.43		3	3.5	5.15	7	
	最小释放电流/A	2.07		2.56	2.95	4.85	5.9	

4. 碟形过载保护器

碟形过载保护器的结构如图 4-3 所示。

过载保护器是过电流和过热保护器的统称，是压缩机电动机的安全保护装置。当压缩机负荷过大或发生某些故障，或电源电压过低过高而不能正常起动时，都会引起电动机电流增大。如果电流超出允许范围，过电流保护器电热丝升温，烧烤碟形双金属片，使它反方向变体，触点离开，从而断开电源，保护电动机不致烧毁。当制冷系统发生制冷剂泄漏时，压缩机即不能停车，这时电动机的电流要比正常运行时低（过电流保护不起作用），但由于回气冷却作用减弱，再加连续运行，电动机温度反而增高，当电动机温度超过允许范围，过载保护器即切断电源，使电动机绕组不致烧毁。

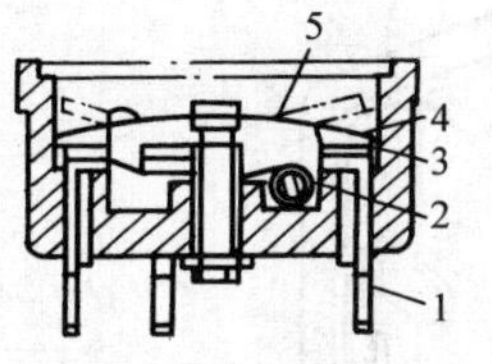

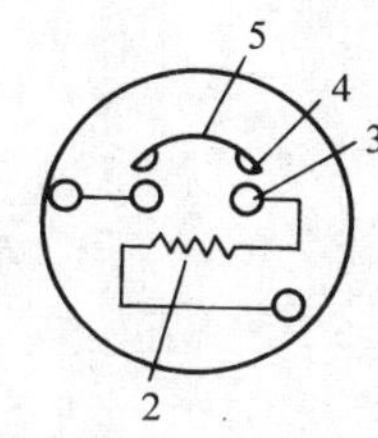

图 4-3　碟形过载保护器

1—接线端子　2—加热丝　3—静触点

4—动触点　5—双金属片

碟形过载保护器的主要技术参数见表 4-7。

表 4-7　JRT 碟形过载保护器主要性能参数

JRT1 JRT2 JRT3	规格/HP	1/8	1/7	1/6	1/5	1/4	1/3	1/2
	配用功率/W	93	105	125	150	180	245	370
	90 ℃时断开电流/A	1.2	1.3	1.3	2.42	2.42	2.82	3.5
	过载电流/A	5.6	6.2	6.8	8.7	8.7	10	12
	断开温度/℃	100～135						
	复位温度/℃	55～84						
	25 ℃时断开延时/s	7～16						

（续）

JRT5	90 °C时断开电流/A	1.1～1.35		1.3～1.57	1.35～1.85	1.8～2.3	2.5～3.5	
	25 °C时断开电流/A	4.7		5.6	6.7	7.5	10	
	断开温度/°C	135±5		120±5				
	复位温度/°C	92±9		78±9				

5.PTC 起动器

PTC 起动器外形结构如图 4-4a 所示。PTC 组件是掺入微量稀土元素，用陶瓷工艺法制成的铬酸钡型的半导体。在常温下呈低阻抗，即接在电路中成通路状态，当通过的电流使组件本身发热后，阻抗急剧上升，呈断路状态。

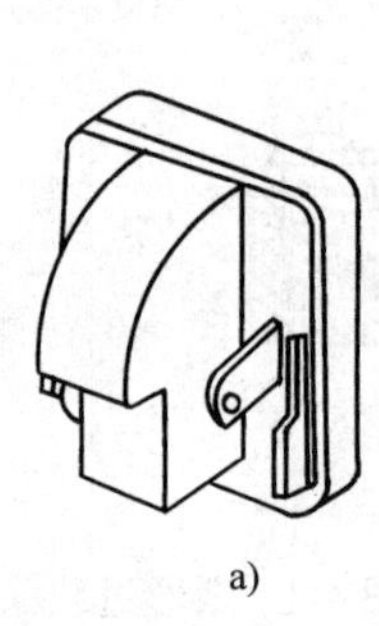

a)

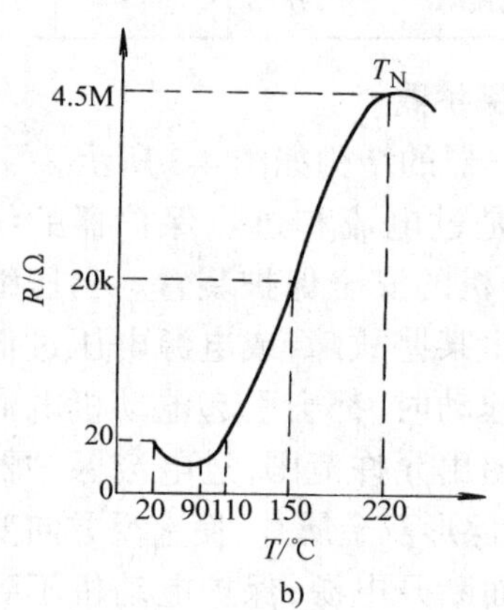

b)

图 4-4 PTC 起动器

a) 外形结构图 b) 温度特性图

PTC 起动器具有性能可靠、寿命长、结构简单、没有移动式零件、不会受潮生锈、并能更有效地保护压缩机电动机的特点。由于 PTC 组件的热惯性，每次起动后，需间隔 4～5min，等组件降温后才能再次起动。PTC 起动器的温度——电阻特性如图 4-4b 所示。PTC 起动器主要性能参数见表 4-8。

表 4-8 PTC 起动器主要性能参数

型号	常温电阻/Ω±30%	最大电压/V	最大电流/A	功耗/W	动作时间/s	恢复时间/s
PL 系列	22	450	10	＜2	0.14～0.56	≤90
	22	450	8	＜2	0.14～0.56	≤90
	33	450	7	＜2	0.14～0.56	≤90
	47	450	6	＜2	0.14～0.56	≤90
	100	450	3.5	＜2	1.2～2.8	≤90

PTC 有 4 个接线端子，同侧端子相通，中间是 PTC 组件，PTC 随外接电源的位置不同与压缩机相连的端子也随之改变，电冰箱常用 PTC 阻值为 12Ω、22Ω、33Ω。

由于各种压缩机性能不同,电路也不同,不同型号的压缩机应选用合适的 PTC 组件和重锤起动器。在使用 PTC 起动器时,要注意防潮湿,以免破裂失效,且不要超过所允许的最高工作电源。使用 PTC 停机后再次开机的时间间隔必须大于 3 ~ 5min,否则极易烧毁运行绕阻。

6. 融霜定时器

融霜定时器是间冷式电冰箱融霜电路中的专用元器件之一,其外形如图 4-5 所示。

根据不同的电路结构形式,它有Ⅰ型和Ⅱ型之分,虽然内部接线有分别,但是其外部形状及接线端子形式都一样,在维修过程中应予以注意。

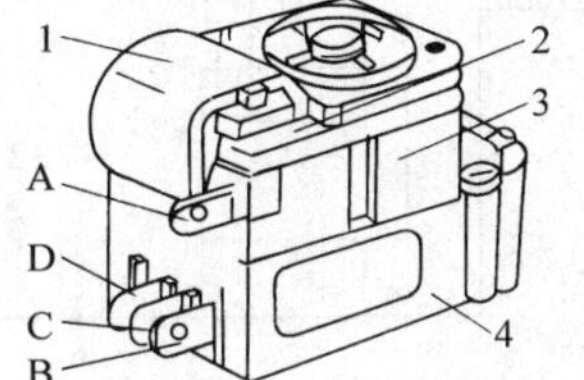

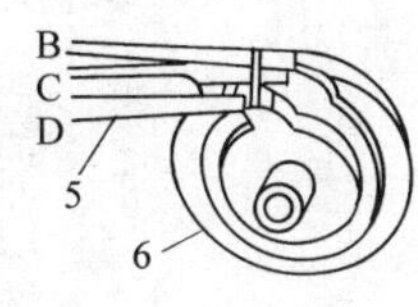

图 4-5 融霜定时器

1—定子绕阻 2—定子 3—齿轮箱 4—开关箱 5—端子板 6—凸轮

7. 双门直冷冰箱控制电路

图 4-6 所示是典型双门直冷冰箱电路。

电路工作原理:双门直冷式电冰箱控制电路与单门直冷式电冰箱的控制电路大致相同。当电源接通时、电流经插头一端→温控器→过载保护器→压缩机与起动器进入插头另一端,压缩机通电运转。箱内照明灯由门开关控制。图中电加热回路是利用温控开关来控制其通断的,L 与 C 为温控器的温控开关,在此开关两触点之间并连了一个箱内加热丝。当压缩机运转、L 与 C 接通时,由于加热丝阻值高于压缩机绕组阻值,加热丝就无法通电发热,只有当冷藏室温度达到温控器设定值、L 与 C 断开停机时,电源经 L 点→加热丝开关(应在闭合状态)→箱内加热丝→过载保护器→压缩机运行绕组构成回路,这时加热丝便通电发热。这类电冰箱利用温控断开加热的方法较多,大致可分为温控器加热器、融霜加热器等。

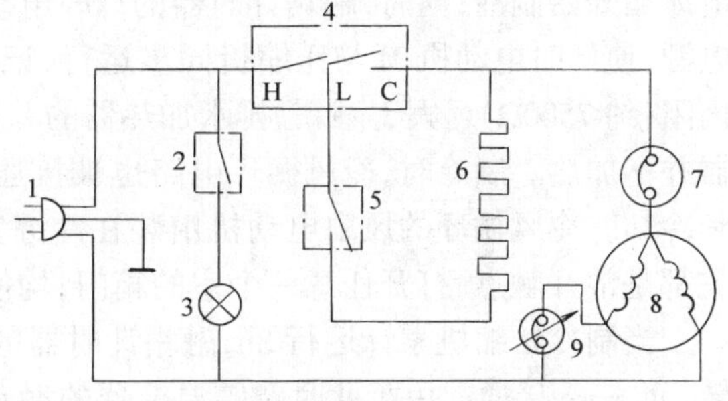

图 4-6 双门直冷冰箱电路

1—电源 2—灯开关 3—灯泡 4—温控器 5—补偿加热器开关 6—补偿加热器 7—碟形过载保护器 8—压缩机 9—PTC 起动器

8. 间冷冰箱控制电路

图 4-7 是典型间冷冰箱控制电路。

电路工作原理:与直冷式电冰箱相比,间冷式电冰箱多了冷风循环电路和全自动融霜电路。该电路包括:由压缩机、PTC 起动继电器和过载保护器构成的起动与保护电路;由温控器组成的对冷冻室进行控制的温度控制电路;由融霜计时器、融霜温控器、融霜加热器和熔丝(即融霜加热超热熔断器)构成的全自动融霜控制电路;由排水加热器构成的加热防冻电路;由风扇电动机、照明灯和两个门开关组成的通风照明电路。

由于融霜定时器接在融霜温控器和过载保护器之间,所以电冰箱是由融霜定时器来控制制冷或融霜。当电冰箱内温度高于设定的温度时,温控器的触点开关闭合,接通电源。同时,由于融霜定时器的 a—b 是接通的,因此,压缩机与保护电路电源接通,压缩机开始运转,

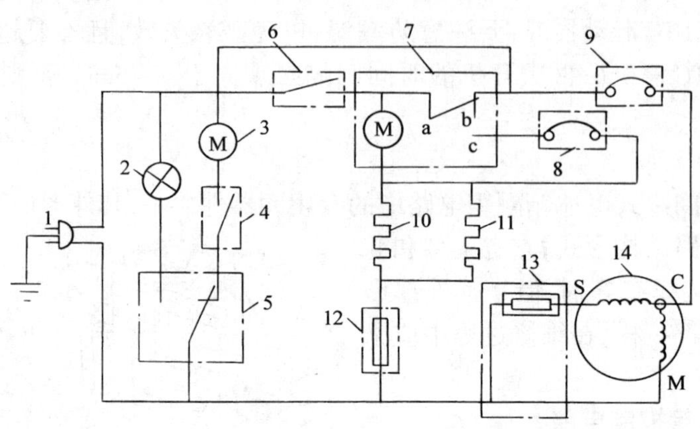

图 4-7 间冷冰箱控制电路

1—电源 2—灯泡 3—风机 4—冷冻室门开关 5—冷藏室门开关 6—温控器 7—融霜定时器 8—融霜温控器 9—碟形过载保护器 10—融霜加热器 11—排水加热器 12—融霜熔丝 13—PTC 起动器 14—压缩机

电冰箱开始制冷；同时，融霜计时器的计时电动机 M、融霜加热器、排水加热器和熔丝也接入电源，使计时电动机 M 与压缩机同步运行，记录压缩机运行时间。但由于计时电动机 M 的内阻(约 7500Ω)远大于融霜、排水加热器的并联电阻(约为 320Ω)，故电冰箱制冷时两个加热器并不加热。制冷时，冷风循环电路也被接通，强制冷风在电冰箱内循环，对食物进行冷冻和冷却。冷风循环的风扇电动机由装在冷冻室、冷藏室右侧的两个门开关控制。两个门开关都是常开触点，打开任意一个室的箱门，均使风扇电动机停止工作。

当制冷压缩机累计运行 8h，融霜计时器的触点 a—b 断开，压缩机和风扇电动机停止运转，而 a—c 接通。由于此时融霜温控器的触点处于接通状态，融霜计时器的计时电动机 M 短路，使融霜加热器和排水加热器接通加热，开始进行融霜加热，并使融霜水经排水管排出，随着蒸发器被加热融霜，使其翅片表面上的凝霜融化。

当蒸发器表面的温度由于被加热而升至 13 ℃左右时，融霜完毕，并使融霜温控器的双金属片产生变形，触点跳开。计时电动机则被重新接入电路进行运转，运转约 2min 后将 a—c 断开。而当蒸发器表面温度达到 13 ℃时，普通型温控器伸长的膜盒推动机构使触点闭合，故 a—b 接通，压缩机又重新进行制冷。当蒸发器表面温度降到 - 5 ℃时，融霜温控器的双金属片复位又使触点闭合，为下一个融霜周期做好准备，这样就完成了一个融霜周期的自动控制，电冰箱控制电路就是这样如此循环往复地工作着。电路中接入熔丝是为了确保在融霜温控器失灵时，防止因超热而使蒸发器盘管破裂；电路中加入排水加热器是保证融化的霜水顺利地导出箱外，不致因排水管冰堵而损坏电冰箱或污染食品。

在冷藏室箱门关闭后，电冰箱的风扇电动机支路接通，若此时再接通冷冻室门开关，风扇电动机便通电运转，使箱内冷气开始强制对流。打开冷藏室门时，一方面将风扇电动机断电，冷风停止循环；另一方面使冷藏室内的照明灯接通。

由于该电路采用 PTC 起动继电器，故该电冰箱要求在断开电源后应相隔 5min 后方可重新将电源接通，以防止压缩机电动机产生过电流烧毁。

三、实训设备和材料

1) 压缩机	1台
2) 温控器	1只
3) PTC起动器	1只
4) 重锤起动器	1只
5) 融霜定时器	1只
6) 融霜温控器	1只
7) 碟形过载保护器	1只
8) 万用表	1只
9) 双门间冷电冰箱	1台
10) 双门直冷电冰箱	1台
11) 电工工具	1套
12) 导线	若干

四、实训步骤

1. 电冰箱压缩机实训

(1) 电冰箱端子判断步骤

1) 将万用表调至 $R\times1\Omega$,校零。

2) 用万用表电阻挡分别测出各端子之间的阻值即 $R12$、$R13$、$R23$。

3) 若 $R23$ 之间阻值最大,端子1为公共端子;剩下的两个端子若 $R13>R12$,则说明3号端子为起动端子,2号端子为运转端子,如图4-8所示。正常电冰箱阻值应符合:$R23=R12+R13$。

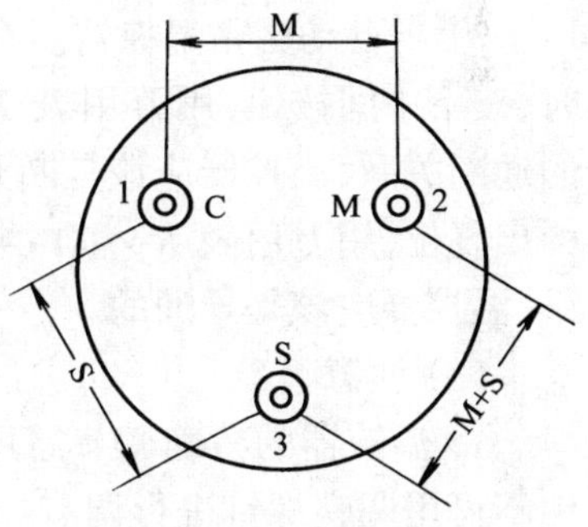

图4-8 电冰箱端子判断

(2) 电冰箱压缩机绝缘性检查步骤

1) 将万用表调至 $R\times1000\text{k}\Omega$,校零。

2) 当把万用表一端接在任一端子,另一端接在压缩机外壳上进行测量时,若阻值小于2MΩ,则说明压缩机绝缘符合要求。

(3) 电冰箱压缩机绕阻断路和短路的判断步骤

1) 将万用表调至 $R\times1000\text{k}\Omega$ 挡,然后调零,将表笔接到任意2个绕组的接线端,测其阻值,若阻值为无穷大,则说明绕阻断路。

2) 将万用表调至 $R\times1\Omega$ 挡,然后调零,将表笔接到任意2个绕阻的接线端,测其阻值,若阻值为小于正常值或为零,则说明绕阻断路。

(4) 电冰箱压缩机空转测试　给电冰箱压缩机接上起动和保护装置,然后接通电源,用钳形表测出空载起动电流和空载运转电流,运转声音平稳,用手指按住排气口,应不能堵住,将手指放在吸气口,应有明显的吸力,说明压缩机吸排气良好,如图 4-9 所示。

(5) 电冰箱压缩机实训注意事项

1) 压缩机端子之间的阻值随温度变化而变化。

2) 不可以用手长时间堵住压缩机排气口。

2. 温控器实训

(1) 外观结构认识,判断温控器的型式。

(2) 端子判断步骤

1) 双端子的温控器。常温下只需将温控器关闭或打开,然后用万用表测量其通断即可以初步判断其好坏,在实物接线中,将其串入电路即可。

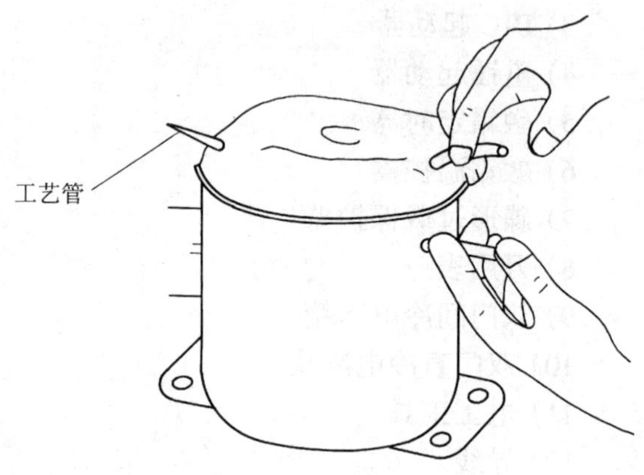

图 4-9 压缩机吸排气测试

2) 三端子的温控器。在常温下,将温控旋钮逆时针旋至关闭状态,用万用表 $R\times1\Omega$ 挡分别测量各端子之间的通断关系,如 A 端子与其他两端子都不相通,则说明 A 端子是电源接入端;顺时针方向旋转温控器旋钮,打开温控器,这时各端子之间是接通的,对兰桥型温控器,可用手强制按住温控器上的控杆机构,然后用万用表 $R\times1\Omega$ 挡分别测量端子之间的通断关系,如 C 端子与其他端子不断,说明该端子是接通压缩机端子的。而对于露宫型温控器,可将其放入电冰箱冷冻室,约 30min,然后取出迅速用万用表 $R\times1\Omega$ 挡分别量其端子之间的通断,如果 C 端子与其他两端子不相通,则说明该端子与压缩机相接,其接线如图 4-10 所示。

3) 半自动融霜温控器。在常温下或箱内温度大于 5 ℃时,按下中间按钮,用万用表 $R\times1\Omega$ 挡分别测量端子之间的通断关系,温控器应该是断开的;松开中间融霜按钮自动弹出复位,用万用表 $R\times1\Omega$ 挡分别测量端子之间的通断关系,温控器应该是导通的。

(3) 注意事项

1) 温控器的精确调节需用专用仪器进行调节,实验室中不可用调整螺钉进行调节,以至改变温度特性。

2) 不同型式的温度控制器,只要性能参数一致,外形安装尺寸符合即可互换使用。

3) 温控器在安装时,主体部分应安装在无滴水的地方,感温管尾部与蒸发器的接触部位应在 150mm 以上。

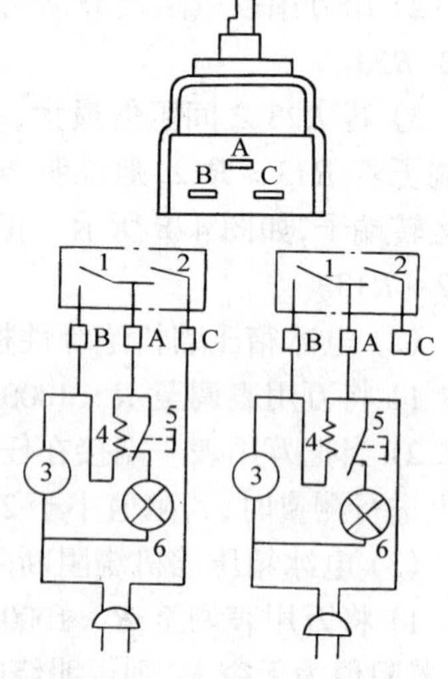

图 4-10 三端子的温控器

1—强制开关 2—温控开关 3—压缩机 4—补偿加热器 5—灯开关 6—灯泡

3. 重锤起动器实训

(1) 结构认识 外观结构认识。拆开重锤起动器,观察其内部结构及触点之间的关系。

(2) 端子判别 将重锤起动器倒置,用万用表 $R\times1\Omega$ 挡测量端子之间的通断关系,正常是断开的。将重锤起动器翻转,再用万用表 $R\times1\Omega$ 挡测量端子之间的通断关系，正常是导通的。

4. 碟形过载保护器实训

(1) 结构认识　外观结构认识。拆开碟形过载保护器，观察其内部结构及触点之间的关系。

(2) 端子判别　用万用表 $R\times1\Omega$ 挡测量端子之间的通断关系，正常是导通的。

5.PTC 起动器实训

(1) 结构认识　外观结构认识。拆开 PTC 起动器，观察其内部结构及触点之间的关系，用万用表 $R\times1\Omega$ 挡分别测量 PTC 元件的阻值。

(2) 端子判别　用万用表 $R\times1\Omega$ 挡测量端子之间的通断关系，正常是导通的。

6. 融霜定时器实训

(1) 融霜定时器外接端子判别(以Ⅱ型为例)操作步骤

1) 顺时针方向转动融霜定时器的手动旋钮，使其位置停留在压缩机接通工作位置。

2) 将万用表调至 $R\times1000\text{k}\Omega$ 挡。

3) 用表笔分别测量其中两端子间的阻值，即 R ab、R ac、R ad、R bc、R bd、R cd，若其中 R ad、R bd、R cd均为无穷大，R bc为零，R ab、R ac阻值约为 2000Ω 左右，则说明 D 端子是融霜端子。

4) 顺时针方向旋转融霜定时器的手动旋钮，使其位置停留在融霜位置。

5) 重新用万用表测量各端子之间的阻值，即 R ab、R ac、R ad、R bc、R bd、R cd，此时若 R ab、R bc、R bd为无穷大，R cd为零，R ac、R ad阻值约为 7000Ω 左右，则说明 B 端子是接通压缩机端子，而 C 端子为移动端子，A 端子是电源端子。

(2) 融霜定时器操作注意事项

1) 融霜定时器的融霜电动机阻值较大约 7000Ω 左右，在测量过程中应注意将万用表调至 $R\times1000\Omega$ 挡，以免造成错误判断。

2) 融霜定时器的手动旋钮应顺时针方向转动，不可逆时针方向转动，以免损坏设备。若旋转过程中不小心旋过位置，请继续顺时针方向旋转。

3) 融霜定时器压缩机工作时间长、旋转角度大，而融霜时间短、旋转角度小，旋转过程中应加以区别。

4) 对Ⅰ型融霜定时器可以用同样方法进行判断，此时 A 端子为电源端子，B 为接通压缩机端子、C 为融霜端子、D 为移动端子。

7. 融霜温控器实训

(1) 结构认识　外观结构认识。拆开融霜温控器，观察其内部结构及触点之间的关系。

(2) 端子判别　用万用表 $R\times1\Omega$ 挡测量端子之间的通断关系，常温下应是断开的。

8. 双门直冷冰箱电路连接实训

1) 阅读双门直冷冰箱电路图。

2) 用万用表判断所有零部件端子及好坏。

3) 选择好匹配的起动器和热保护器，并将起动器和保护器接到压缩机端子上。

4) 温控器冰箱灯泡、灯开关连接。

5) 补偿加热器的接线及补偿加热开关连接。

6）箱内和箱外连接线接线。

7）电源线连接及接地。

8）开机调试。

9. 间冷冰箱电路连接实训

（1）间冷冰箱电路接线步骤

1）阅读间冷冰箱电路图。

2）用万用表判断所有电器元件端子及好坏。

3）选择好匹配的起动器及热保护器，并将起动器和热保护器接到压缩机端子上。

4）连接冰箱风扇、风扇开关及门开关。

5）连接冰箱灯泡及与门联动的门开关。

6）连接温控器化霜定时器。

7）连接融霜定时器、融霜开关及融霜温度熔丝。

8）连接融霜加热器及辅助加热器。

9）连接电源线及接地。

10）接通电源，开机调试。

（2）注意事项

1）注意三端子温控器的接法，以免接错造成电冰箱不停机。

2）注意温控器补偿加热器及补偿开关的串并联关系，理解其工作原理。

3）融霜定时器有Ⅰ型和Ⅱ型之分，切不可混淆。

4）融霜温控器在常温 20 ℃左右下是处于断开的，接线测量时应注意。

5）门与风机、灯的联动开关不要接反。

五、实训记录

1）定温复位型温控器与融霜复合型温控器有何区别？

2）画出采用Ⅰ型融霜控制器的间冷电冰箱电路图。

3）HC-600a 电冰箱压缩机起动器是否要专用？

4）填写实训记录表 4-9。

表 4-9 实训记录

项目名称	规格型号	端子示意图	阻值/Ω	起动电流/A	运转电流/A
压缩机					
PTC 起动器					
重锤起动器					
碟形热保护器					
Ⅰ型融霜控制器					
Ⅱ型融霜控制器					
融霜温控器					
定温复位型温控器					
融霜复合型温控器					

六、考核标准

考核标准见表 4-10。

表 4-10　考核标准

项目	技术要求	分值	得分
电器元件检测	1）掌握电器元件的结构及工作原理 2）熟练判断电器元件接线端子和性能	20	
压缩机检测	1）掌握压缩机的结构及工作原理 2）熟练判断压缩机接线端子 3）检测压缩机的性能	5	
双门直冷电冰箱接线	1）绘制电气原理图 2）合理选择电器元件 3）正确、规范接线操作	25	
间冷电冰箱接线	1）绘制电气原理图 2）合理选择电器元件 3）正确、规范接线操作	30	
实训报告		20	
合计		100	

实 训 五

电 冰 箱 维 修

5

一、 实训目的
二、 相关理论和技能
三、 实训设备和材料
四、 实训步骤
五、 实训记录
六、 考核标准

一、实训目的

1) 了解电冰箱常见故障，掌握电冰箱常见故障分析判断方法。
2) 掌握电冰箱冰堵、脏堵维修工艺。
3) 掌握电冰箱泄漏检修工艺。
4) 掌握 R134a 电冰箱检修工艺。
5) 掌握 R600a 电冰箱检修工艺。

二、相关理论和技能

1. 电冰箱故障

由于家用电冰箱主要由制冷系统和电气系统两大部分组成，制冷系统的作用是保证电冰箱能制冷，并能达到规定的温度，而电气系统的作用是使电冰箱正常起动，并在制冷系统工作正常的前提下，保证电冰箱能正常运转（包括压缩机的开、停正常，间冷式电冰箱自动融霜等）。

电冰箱的故障，可能发生在制冷系统，也可能发生在电气系统，或者两个系统都出现，但无论何种故障，均要通过试机和检修，先保证制冷系统工作正常，只有在制冷系统正常工作的前提下，才能进行电气系统故障的维修，因而制冷系统故障的维修在电冰箱故障维修中占有相当重要和优先的地位。

(1) 电冰箱脏堵、冰堵故障　电冰箱脏堵的重要原因是制冷系统内部不清洁，在加工和组装过程中有杂质（制冷剂内含有杂质，干燥剂质量低劣有粉末脱离或系统长时间运转后产生的杂质）。

电冰箱冰堵是因制冷系统真空处理不良，系统内含水量过大或制冷剂本身含水量超过允许含量，或制冷系统打开后长时间不进行维修等原因造成的。

脏堵通常发生在过滤器进口或毛细管，而冰堵通常发生在毛细管出口处。冰堵、脏堵通常的处理方法是更换干燥过滤器。

(2) 电冰箱泄漏故障　电冰箱制冷系统产生泄漏后，通过打压检漏后，找出泄漏点并进行修补，以保证制冷系统的密封性。

1) 对外挂冷凝器及连接管道泄漏点的修补。电冰箱外挂冷凝器和外部连接管道泄漏点，一般发生在铜—铜焊接点或铜—铁焊接点，只需将泄漏点处理干净后，用铜焊或银焊焊接即可。

2) 对内藏式冷凝器及蒸发器泄漏点的修补。内藏式冷凝器修补采用焊补方法（也可考虑改为外挂式冷凝器）。铜管铝板式蒸发器的故障较少，如有泄漏一般发生在焊接处，找到漏点后，可用银焊或铜焊进行补漏，补焊时间不宜过长，火焰不能过于强烈，要求补焊一次成功。目前电冰箱用复合铝板吹胀成形式蒸发器，在使用过程中，蒸发器及蒸发器铜铝接头很容易腐蚀，形成小的漏孔，造成制冷剂泄漏。一般采用如下方法进行修补：将泄漏点处理干净后，用 CX212 胶粘剂（或其他形式胶粘剂），按说明书的比例混合均匀后，涂在泄漏点上（如泄漏点较大，可用薄铜皮覆盖），常温自然固化 24h 后即可。

(3) 电冰箱压缩机故障　压缩机是电冰箱最重要的部件，它是电冰箱的心脏，决定了电冰箱的使用寿命。压缩机常见故障分为机械故障（压缩机部分的故障）和电气故障两大类。

1) 电动机在壳内与冷冻油和制冷剂长期接触，处于高温、高压的工作环境中，会因制冷剂或冷冻机油中的水分含量过高，导致绝缘材料的绝缘程度下降甚至遭到破坏，电动机绕阻发生短路。

2) 电动机长期高速旋转，可能使摩擦副出现磨损，配合间隙增大，噪声变大。

3) 由于起动器和过载保护器发生故障，使压缩机不能正常起停，电动机绕组电流过大，使绕组过热而烧坏。

4) 压缩机久置不用或润滑油供油系统出现故障，摩擦部件得不到润滑出现“咬死”，致使压缩机无法起动运转。

5) 电冰箱在搬运过程中，因倾斜或振动过度，使压缩机壳体内的机体减振弹簧脱落，致使机体与机壳在运转过程中产生使人厌烦的机械撞击声等。

(4) 间冷电冰箱融霜电路故障　间冷式电冰箱融霜系统由融霜定时器、融霜温控器、温度熔丝、加热器组成。间冷式电冰箱融霜系统会发生以下几种常见的故障：

1) 融霜加热器断路。

2) 融霜温控器不能复位或断路。

3) 融霜温控器不工作。

4) 融霜熔断器熔断。

5) 泄水管堵塞、霜水不能排出。

间冷式电冰箱融霜系统发生故障，蒸发器上的冰霜即不能按时融化，冰霜过厚会堵塞风道，使冷气不能对流循环，在这种情况下即使压缩机和风扇长时间运行，电冰霜也不能降温。另外，风扇周围积霜太多，会使风扇不能转动，接水盘积冰不能及时融化就会堵塞排水通道，使积冰日益增厚，最终也要阻塞风道。

(5) 电冰箱常见故障检查如表 5-1 所示。

表 5-1　电冰箱常见故障检查表

故障现象	故　障　原　因	检　　查
电冰箱完全不起动	1) 停电 2) 电源电压过低 3) 电源熔丝熔断 4) 电源插头松动或脱落 5) 过载保护器断路或起动继电器触点接触不良 6) 温控器故障 7) 压缩机卡死或电动机故障	1) 检查电源 2) 检查保护器和起动继电器 3) 检查温控器 4) 检查压缩机
冷冻室温度正常，但冷藏室温度过低，使食品冻结	1) 温控器触点粘连不停车或感温管失控 2) 温度补偿加热器坏 3) 温感风门温控器旋钮调得不合理（置冷点），或失控，或风门关不上	1) 检查温控器 2) 检查温度补偿加热器 3) 检查温感风门温控器

（续）

故障现象	故 障 原 因	检 查
压缩机长时间运转，电冰箱不降温	1）箱内食品太多或放入热的食品 2）箱门开关频繁或开门时间过长 3）门封不严，老化破损 4）箱内照明灯并门后不熄灭 5）温控器旋钮调得不合适（数字过小） 6）蒸发器表面霜层太厚 7）冷凝器散热效果不好 8）制冷剂轻度泄漏或充注过量 9）制冷系统脏堵或冰堵 10）制冷系统内有空气 11）间冷式电冰箱通风系统故障 12）间冷式融霜时间继电器失灵等故障 13）电动机运行电流过大	1）检查冷凝器散热效果 2）检查温控器旋钮 3）检查制冷剂 4）检查间冷式电冰箱通风系统 5）检查蒸发器结霜情况 6）检查制冷系统 7）检查间冷式融霜时间继电器 8）检查箱内照明灯
箱体漏电，接触箱体有麻手感觉	1）电冰箱未接地线 2）温控器受潮而短路 3）照明灯、灯开关因受潮而短路 4）起动继电器接线碰触压缩机外壳 5）压缩机电动机绕组碰壳 6）电气系统各器件受潮后绝缘性能下降	1）检查接地线 2）检查温控器是否受潮 3）检查灯及灯开关是否受潮 4）检查压缩机电动机绕组 5）检查起动继电器

2. R134a 电冰箱

遵照 1992 年 11 月召开的第四届蒙特利尔协议书缔约国会议逐渐废除计划，我国电冰箱生产厂家已经将作为冰箱制冷剂、隔热材料的“特定氟利昂”R12、R502、R11 逐渐更换“替代工质”。

R134a是一种新型无公害的制冷剂，是 R12 的替代品，它属于氢氟化碳化合物（$C_2H_2F_4$），在常温下 R134a 无色，轻微醚类气味，不易燃，没有可测量的闪点，它对皮肤、眼睛无刺激，不会引起皮肤过敏，在暴露时会产生轻微毒性，工作场所每天 8h 吸入量不应超过 1000×10^{-6}。

R134a 是非溶于矿物油的制冷剂，采用脂类油或合成油来满足压缩机的润滑要求，常用金属类如铜、铝、钢、铸铁是与 R134a 相兼容的，因此，R134a 工质压缩机运转部件的表面需进行处理，使其具有较强的抗磨损性，合成橡胶和塑料（PVC、尼龙聚乙烯、氟化塑料、聚氟丁烯）大都不受 R134a 影响，因此制冷压缩机的密封圈和连接管一般采用氢化丁腈橡胶等材料替代原来的丁腈橡胶，电动机绕组的绝缘漆膜采用改进材料，具有抗氟性能。

R134a 是部分卤化物，化学性能不如全卤化的碳氢化合物稳定，极易发生水解去卤化反应，因此规定 R134a 中的含水量不得超过 20×10^{-6}，故制冷剂要保证绝对干燥。

R134a 分子较小，其渗透性强，从而对密封材料的选用及系统的气密性提出了更高的要求。R134a 冰箱、R12 冰箱的系统组成基本相同，由于 R134a 与原来 R12 的性质不同，所以各方面都有改变，维修 R134a 冰箱的过程中，其使用的工具如真空泵、表组、连接软管、充注设备必须专用。

3. R600a 电冰箱

R600a 又名异丁烷，属碳氢化合物，R600a 无色微溶于水，性能稳定，炼油厂就可生产，价格低；润滑油仍可采用 R12 系统的矿物油，对系统材料无特殊要求，与水不发生化学反应，不腐蚀金属。不足之处是 R600a 与空气混合，在一定的浓度范围内遇明火会发生爆炸，爆炸极限为 1.8% ~ 8.4%（体积比），所以安全是最应注意的问题。

R600a 制冷剂冰箱所使用的压缩机为异丁烷专用压缩机。由于单位制冷剂的制冷量的增加，制冷剂的充注数量比 R12 系统要小得多，相当于 R12 系统的 40%左右，对制冷系统的充注量必须严格控制。由于 R600a 易燃，所使用的电器组件与 R12 电冰箱系统相比应有所变动，起动继电器应采用 PTC 组件且密封。R600a 压缩机铭牌上应有黄色火苗易燃标志。由于 R600a 的分子直径小，要求采用专用的 XH7、XH9 干燥过滤器。

三、实训设备和材料

1）胀管器 1套
2）扩管器 1套
3）割管器 1把
4）弯管器 1把
5）封管钳 1把
6）万用表 1只
7）双表组阀总成 1套
8）电子检漏仪 1只
9）定量加液器 1只
10）焊接设备 1套
11）铜管 若干
12）电冰箱 1台
13）R134a 电冰箱 1台
14）R600a 电冰箱 1台

四、实训步骤

1. 电冰箱压缩机故障实训

(1) 故障现象　电冰箱不起动。

(2) 故障分析

1）接通电源，打开温控器开关。

2）将万用表调至交流 220V 挡，测量发现压缩机已经通电。

3）切断电冰箱电源，将万用表调至 $R\times1\Omega$ 挡，测量压缩机端子之间的电阻值。发现压缩机起动绕组断路。

4）压缩机坏，更换压缩机。

（3）故障排除操作步骤

1）切断电冰箱电源。

2）放掉制冷剂。从压缩机的加液工艺管或干燥过滤器的抽真空管的顶端15~20mm处切断，将制冷系统中制冷剂放出，为防止冷冻油喷出，切口不宜过大，如切口过大有冷冻油喷出，可用布敷盖在切口上。

3）待制冷系统中的制冷剂放干净后，将损坏的压缩机的高低压连接管连接部位用气焊熔开，将压缩机底板上的固定螺栓松开，取下旧压缩机。

4）将新压缩机装上防振橡胶垫后，重新固定到电冰箱底上。

5）重新焊接吸、排气管道。

6）在新压缩机工艺管道上，焊上修理工艺接口。

7）用软管连接修理表阀及氮气减压阀和氮气瓶。

8）加压至0.8MPa，检漏。

9）抽真空，加氟利昂。

10）通电运行，调节氟利昂的充注量。

11）电冰箱正常开停3~4次后，用封口钳和气焊封口。

12）电冰箱运转正常，故障消除。

（4）更换冰箱压缩机操作注意事项

1）重新焊接吸、排气管道时，要注意管道的插入尺寸，焊接前要注意清洁处理焊接管道。

2）新压缩机在更换前，要空载测试其运行情况，并判断吸、排气管和工艺管道的位置。

3）在更换压缩机时，通常也将干燥过滤器一同进行更换。在更换干燥过滤器时，速度要快，时间不要过长。其次焊接毛细管时火焰温度不宜过高，焊料不可加太多，以免焊破毛细管或焊堵塞。

2. 电冰箱脏堵维修实训

（1）故障现象　电冰箱不制冷。

（2）故障分析

1）接通电源，打开温控器开关，电冰箱能够正常运转。

2）初步判断电冰箱为系统故障。

3）用手摸冷凝器和压缩机排气管发烫。

4）5min后冷凝器和压缩机排气管变冷，压缩机声音变低。

5）初步判断电冰箱为系统脏堵。

6）切断电冰箱电源。

7）10min后切开电冰箱工艺管，放掉系统中的氟利昂。发现系统中的氟利昂比较多，确认电冰箱为系统脏堵。

8）吹污、更换过滤器。

（3）故障排除操作步骤

1）用气焊在工艺管上焊好工艺接口。

2）用气焊枪拆下旧过滤器。

3）用软管连接修理表阀及氮气减压阀和氮气瓶。

4）打开修理表阀和氮气表阀，加压至0.6MPa左右，用手分别按住冷凝器或毛细管的一端进行吹污。吹污操作进行5~6次。

5）吹污完成后，关闭修理表阀和氮气表阀。

6）用气焊焊上新干燥过滤器。

7）重新加压至0.8MPa，检漏。

8）抽真空，充注制冷剂。

9）通电运行，调节氟利昂的充注量。

10）电冰箱正常开停3~4次后，用封口钳和气焊封口。

11）电冰箱运转正常，故障消除。

（4）注意事项

1）冰堵故障排除与脏堵相同。

2）冰堵较严重时，可采用自制加大过滤器，或可多次更换过滤器消除故障。

3）脏堵如果出现在毛细管，而用氮气无法吹出时，则应更换毛细管。

4）修理冰堵时，严禁向制冷系统内充入甲醇等防冻剂，以免产生其他故障。

3. 电冰箱内漏维修实训

（1）故障现象 电冰箱不制冷。

（2）故障分析

1）接通电源，打开温控器开关，电冰箱能够正常运转。

2）用手摸冷凝器和压缩机排气管不热。

3）用耳朵听系统中没有制冷剂流动声。

4）初步判断电冰箱为系统泄漏。

5）切开电冰箱工艺管，放掉系统中的氟利昂。发现系统中的氟利昂很少，确认电冰箱为系统泄漏故障。

6）用软管连接修理表阀及氮气减压阀和氮气瓶。

7）打开修理表阀和氮气表阀，加压至0.8MPa。检漏发现外部冷凝器和连接管道无漏点。确认系统内漏，需开背修理。

（3）故障排除操作步骤

1）首先在电冰箱背部薄钢板上画好线，（一般距离电冰箱边框3cm），然后用切割机沿画线切开，取下薄钢板（如背部是外挂式冷凝器，应先焊下冷凝器）。

2）沿回气管方向，小心挖出保温材料（注意内部管道和电线，也不要太深以免破坏冰箱内胆），直至内藏管道及接口完全暴露出来可以维修为止。

3）用氮气对内部管道系统重新进行打压（0.8MPa）检漏，直至找出漏点，并做好记号，以便维修。

4）对漏点部分进行清理，然后用胶粘剂或气焊进行修补。用气焊进行修补时，由于维修空间较小，应在内胆侧用薄铁板作防护，火焰强度不宜过大，速度要快（毛细管可直接更换)。

5) 保压。修补完成后,应对内藏管道再次用氮气打压进行检漏,并保压 24h(用胶粘剂维修的管道,一定要胶粘剂完全固化 24h 后方可进行打压检漏并保压)。

6) 确认保压成功后,进行发泡修补,焊下压缩机,将冰箱平卧,将适量聚氨酯 A、B 材料按 1:1 比例倒入桶内,搅拌均匀(冬季可适当加热),迅速倒至已挖掉保温材料的部位,用切下的壁板盖住,中间加一层塑料薄膜,上方加上适当的重物,以保证发泡牢固致密,必要时内胆适当“打撑”以防止内胆变形直至炸裂。

7) 发泡完成后,进行适当修整,剪一块与冰箱后壁一样大小的镀锌铁板,用铆钉铆至原冰箱壁板上。

8) 重新连接好电冰箱系统。

9) 抽真空,充注氟利昂。

10) 通电运行,调节氟利昂的充注量。

11) 电冰箱正常开停 3~4 次后,用封口钳和气焊封口。

12) 电冰箱运转正常,故障消除。

(4) 注意事项

1) 切割后壁板时要仔细,不可伤及内部管道和线路。

2) 保温材料不可挖出太多,只要将内部管道暴露出来即可。

3) 如果内藏式冷凝器泄漏,可将其改为外挂式冷凝器而不必再开侧壁板。

4) 如果防露管泄漏,可将其直接从系统中断开而用线状加热丝代替。

5) 如果电冰箱蒸发器的铜铝接头泄漏时,在用胶粘剂修补完成后,应重新做好其表面的防水处理层。

6) 补漏前应将漏点表面处理干净,保证补漏一次成功。

4. 间冷电冰箱融霜电路维修实训

(1) 故障现象 电冰箱不起动。

(2) 故障分析

1) 接通电源,打开温控器开关。

2) 将万用表调至交流 220V 挡,测量发现压缩机没有通电。

3) 切断电冰箱电源,将万用表调至 $R\times1\Omega$ 挡,逐个测量温控器、融霜定时器、融霜温控器、熔霜熔丝及融霜加热器。检查发现融霜加热器断路。

4) 电冰箱在融霜时,融霜加热器烧坏,造成融霜定时器不工作,从而导致电冰箱不工作。

(3) 故障排除操作步骤

1) 更换融霜加热器。

2) 接通电源,重新开机后,故障消除。

5. R134a 电冰箱维修实训

(1) 系统抽真空、加氟利昂的操作步骤 R134a 抽真空充注的基本操作方法与 R12 相同,但设备要求略有不同,操作时注意区别。

1) 连接电冰箱、真空泵、组表及 R134a 专用充注机。

2）打开真空表及真空泵阀门开关，进行抽真空。

3）抽真空 30min 后，并确认系统压力至 - 750mmHg㊀ 以下，关闭真空表阀门及真空泵阀门。

4）系统静置片刻，观察系统压力有无回升，如有回升请检查连接软管。

5）确认真空度达到要求后，给系统充注 R134a。

6）系统运行调试。

(2) 系统抽真空、加氟利昂的操作注意事项

1）必须使用 R134a 专用真空泵进行抽真空，真空泵的真空度不得低于 1.33×10^3 Pa，抽气速率要求大于 24L/min 以上。

2）系统抽真空必须采用双侧抽真空的方法，保证系统真空度要求。

3）R134a 制冷系统，必须充入专用制冷剂，不得充入 R12 代替，以防因 R12 充入系统引起润滑油恶化造成系统管道堵塞，电冰箱无法修理。

4）R134a 的充注量相对 R12 减少了 10% ~ 20%，停机后压力平衡相对要长一些。充注时，一般采用低压表观察和检验、判断，表 5-2 给出了 R12 和 R134a 制冷系统吸、排气压力的参数，供维修时参考。

表 5-2 制冷系统的吸、排气压力

制冷剂	HFC-134a	CFC-12	增减量(%)
吸气压力/MPa	0.095	0.111	- 14.4
排气压力/MPa	1.043	0.984	4.9
压力比	11.01	8.86	24
相对制冷量	0.92	1.0	- 8.0
COP(能效比)	2.91	2.92	- 0.34

(3) 系统维修操作工艺　R134a 电冰箱系统维修与 R12 系统维修基本一致，但是由于 R134a 化学性能不稳定，容易与水发生去卤反应，而使系统管道内酸化、锈蚀，阻塞系统，造成电冰箱无法修理，所以系统在修理过程中一定要充氮置换焊接管道。具体操作方法如下（以更换过滤为例）：

1）切开冰箱工艺口，将系统中的制冷剂完全排放。

2）拆下电冰箱干燥过滤器。

3）在工艺管道上焊上工艺接口，并连接好氮气减压阀及氮气瓶，用 0.3MPa 压力充氮气约 10s，确认高低压管道均有氮气排出。

4）焊接好电冰箱过滤器。

5）充入氮气，打压检漏。

6）抽真空、加氟利昂。

7）运行调试。

8）封口检漏。

9）运转，交付使用。

㊀ 1mmHg = 133.322Pa。

(4) 注意事项

1) R134a 电冰箱使用的过滤器是专用过滤器，干燥剂容量也增加了 10 ~ 15g，不可混用，常用过滤器有 XH-7、XH-9 等。

2) 各管路不能同时进行焊接，应在高压侧、低压侧分别进行氮气置换。压缩机焊接时应在过滤位置进行氮气置换，然后更换过滤器。

3) R134a 电冰箱打开系统维修时，过滤器必须更换。

4) 合成脂类油容易吸水（相对矿物油而言，吸水量是其 15 倍），系统中含水量过高，容易引起循环系统堵塞而造成电冰箱无法修理，所以系统打开后时间不宜过长，含水分率应控制在 100×10^{-6} 以下。

5) 焊接时禁止使用助焊剂。

6) R134a 系统检漏时，卤素检漏仪已不适用，而应采用电子检漏仪或肥皂水等。

6. R600a 电冰箱维修实训

(1) 维修场地及专业要求

1) 场地要空旷，不准设在地下室及其他闭塞通风不良的地方，周围环境无明火，场地附近 10m 内不准有易燃物。始终保持良好的通风，维修时通风换气不少于 10 次/h。

2) 由于 R600a 密度比空气大，场地内应平整，不宜存在沟槽及凹沟，防止密度高的 R600a 气体积存。

3) 维修场地的通风设备及其他电器应使用防爆型的，排气系统由风机管道等组成，要注意换气量及排气均匀。

4) 总电源开关应设在场地之外，并有防护装置。

5) 维修场地内要备有两个灭火器并放置在随手可触的地方。

6) 维修人员每日进入维修场地前，应首先检查附近有无火源，保证无火源后进入维修场地，打开通风系统后才能进行电冰箱的维修工作。

7) 所有维修人员必须经过专业培训。

(2) 系统维修操作步骤

1) 检查专用打孔钳松紧，调至合适。

2) 将排气管引至室外，用专用打孔钳卡在干燥过滤器处，排放制冷剂。

3) 起动压缩机，运行 5min 后停止。振动压缩机以便使与冷冻油兼容的部分制冷剂排放出来，暂停 3min 后再接通电源起动压缩机，将制冷系统内的制冷剂含量减少至最小。

4) 断开电源，密封干燥过滤器的排气孔。

5) 将专用打孔钳卡在压缩机的工艺管处，用专用真空泵抽真空（将排气管置于室外），抽真空时间不少于 10min。

6) 再次接通电源起动压缩机，运转 1min，然后停机，重复抽真空 10min。

7) 用割管器拆除压缩机、干燥过滤器，并用氮气将管路吹 50s 以上。

8) 更换相应部件，焊接各接口（或用锁环连接各接口）。

9) 充加氮气检漏，检查不漏后放掉氮气抽真空 20min 以上。

10) 充注制冷剂，运行调试。由于 R600a 制冷剂的充注量比 R12 少得多，要使用较高精度的制冷剂充注设备，例如用电子秤按规定的充注量充制冷剂，或按吸气压力根据经验判断制冷剂的充注量是否合适。详见表 5-3。

表 5-3 相同蒸发温度下三种制冷剂温度与压力比较

蒸发温度/°C		-10	-15	-20	-25	-30	-35	-40
蒸发压力/bar①	CFC-12	2.19	1.82	1.51	1.23	1.00	0.80	0.64
	HFC-134a	2.01	1.64	1.39	1.33	0.85	0.67	0.52
	HC-600a	1.08	0.89	0.72	0.72	0.46	0.36	0.28

① 1bar = 10^5Pa。

11）电冰箱正常运转后，用专用封口维修接头洛克令（Lokring）进行封口。

12）用肥皂水检漏。

13）电冰箱插上电源运行，交付使用。

（3）注意事项

1）维修时若更换压缩机，充注量为规定值；不更换压缩机，充注量为规定值的 90%。

2）由于使用 R600a 制冷剂的电冰箱有一定的危险性，原则上不要在用户家中打开制冷系统及进行相应的操作。

3）更换下的压缩机存放时应将冷冻油倒掉并密封各管口。

4）维修时始终要注意安全问题，操作时要避免静电产生的火花，所有的设备接地必须可靠，接线牢固，不允许出现错接现象。

5）制冷剂瓶的装卸、运输、储存应符合易燃危险物的相应操作规程。

五、实训记录

1）电冰箱系统冰堵、脏堵故障维修方法有何区别？

2）电冰箱不起动的原因有哪些？

3）电冰箱制冷效果不好原因有哪些？

4）间冷电冰箱的融霜温控器损坏会导致什么故障现象？

5）R134a 电冰箱系统维修有何特点？

6）R600a 电冰箱系统维修有何特点？

7）填写实训记录表 5-4。

表 5-4 实训记录

项目名称	故障分析	故障原因	维修方法
电冰箱系统泄漏故障维修			
电冰箱系统冰堵、脏堵故障维修			
电冰箱系统压缩机故障维修			
间冷冰箱融霜电路故障维修			
R134a 电冰箱系统维修			
R600a 电冰箱系统维修			

六、考核标准

考核标准见表 5-5。

表 5-5 考核标准

<table>
<tr><th colspan="2">项目名称</th><th>技 术 要 求</th><th>分值</th><th>得分</th></tr>
<tr><td rowspan="2">电路故障</td><td>直冷电冰箱</td><td>1）电路工作原理
2）熟练使用万用表检测电路，故障判断准确
3）合理选择电器元件进行维修</td><td>10</td><td></td></tr>
<tr><td>间冷电冰箱</td><td>1）电路工作原理
2）熟练使用万用表检测电路，故障判断准确
3）合理选择电器元件进行维修</td><td>10</td><td></td></tr>
<tr><td rowspan="2">系统故障</td><td>直冷电冰箱</td><td>1）系统组成及工作原理
2）故障判断要迅速、准确
3）故障排除操作规范、合理</td><td>10</td><td></td></tr>
<tr><td>间冷电冰箱</td><td>1）系统组成及工作原理
2）故障判断要迅速、准确
3）故障排除操作规范、合理</td><td>10</td><td></td></tr>
<tr><td colspan="2">R134a 电冰箱系统维修</td><td>1）了解系统特点
2）系统维修操作规范</td><td>15</td><td></td></tr>
<tr><td colspan="2">R600a 电冰箱系统维修</td><td>1）了解系统特点
2）系统维修操作规范
3）电器控制特点</td><td>25</td><td></td></tr>
<tr><td colspan="2">实训报告</td><td></td><td>20</td><td></td></tr>
<tr><td colspan="2">合计</td><td></td><td>100</td><td></td></tr>
</table>

实训六

空调器安装

6

一、 实训目的
二、 相关理论和技能
三、 实训设备和材料
四、 实训步骤
五、 实训记录
六、 考核标准

一、实训目的

1）了解窗式空调器的结构，加深理解窗式空调器的工作原理。

2）了解分体空调器的结构，加深理解分体空调器的工作原理。

3）掌握空调器安装方法，能够独立安装空调器。

二、相关理论和技能

1. 窗式空调器

窗式空调器是一种小型房间空气调节器，采用全封闭蒸气压缩式制冷系统，体积小，重量轻，为整体式结构，可安装在窗台或钢窗上，适用于家庭房间使用。窗式空调器的制冷量一般在7000W以下，可将房间温度调节在18~28°C，它的制热量一般在3000W左右，在冬季可将室内温度保持在18~20°C。窗式空调器有标准型（卧式）和竖式（钢窗型）之分，其外形如图6-1所示。

窗式空调器（KC-20）的主要技术参数见表6-1。

表6-1 窗式空调器主要技术参数表

制冷量/W	2000
噪声/dB	≤54
温度调节范围/°C	18~36
适用房间面积/m^2	16~20
外形尺寸	516×525×345
额定电压/V	220
额定频率/Hz	50
额定功率/W	800
额定电流/A	3.8
重量/kg	32

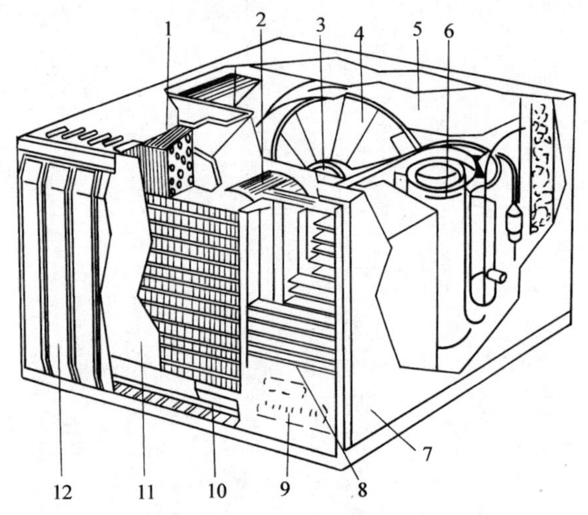

图6-1 窗式空调器结构

1—蒸发器 2—室内风扇 3—风扇电动机 4—室外风扇 5—冷凝器 6—压缩机 7—外壳 8—格栅 9—旋钮 10—底盘 11—空气过滤网 12—面板

2. 分体空调器

分体式空调器与整体式空调器不同，它由室内机组和室外机组两部分组成，安装时由制冷管路和导线相连接。分体式空调器制冷量在1860~13920W不等。按使用功能不同，分体式空调器又可分为单冷却型（夏季制冷）和冷热两用型（夏季制冷、冬季制热）。分体空调器主要技术参数见表6-2。

分体式空调器根据室内机组的安装方式不同，又可分为壁挂式、吊顶式、嵌入天花板式、立柜式，这些类型的基本结构均大同小异。

3. 空调器安装的前期准备工作

(1) 开箱检查 打开包装箱，取出装箱单，仔细检查配件是否齐全，取出空调器后，看空调器在搬运过程中有无损坏，发现问题应及时解决。

表 6-2 分体空调器主要技术参数表

<table>
<tr><th colspan="2">型　号</th><th>KFR-22GW/A</th><th>KFR-32GW/A</th></tr>
<tr><td colspan="2">制冷量/W</td><td>2200</td><td>3200</td></tr>
<tr><td colspan="2">制热量/W</td><td>2400</td><td>3400</td></tr>
<tr><td colspan="2">空气循环量/(m³/h)</td><td>≥400</td><td>≥480</td></tr>
<tr><td colspan="2">电源</td><td colspan="2">单相交流　220V　50Hz</td></tr>
<tr><td colspan="2">工作电压范围/V</td><td colspan="2">198～242</td></tr>
<tr><td colspan="2">额定制冷输入电流/A</td><td>3.7</td><td>5.7</td></tr>
<tr><td colspan="2">热泵额定制热输入电流/A</td><td>3.7</td><td>6.0</td></tr>
<tr><td colspan="2">额定制冷消耗功率/W</td><td>790</td><td>1200</td></tr>
<tr><td colspan="2">热泵额定制热消耗功率/W</td><td>790</td><td>1250</td></tr>
<tr><td colspan="2">最大运行制冷输入功率/W</td><td>880</td><td>1630</td></tr>
<tr><td colspan="2">热泵最大运行制热输入功率/W</td><td>920</td><td>1690</td></tr>
<tr><td rowspan="2">噪声/dB(A)</td><td>室内机组</td><td>≤39</td><td>≤43</td></tr>
<tr><td>室外机组</td><td>≤54</td><td>≤55</td></tr>
<tr><td rowspan="2">外形尺寸/cm
深×宽×高</td><td>室内机组</td><td>16.9×81.4×26.4</td><td>17.4×90×30.2</td></tr>
<tr><td>室外机组</td><td>24×71×55</td><td>24.6×76×59.8</td></tr>
<tr><td rowspan="2">净质量/kg</td><td>室内机组</td><td>10</td><td>12</td></tr>
<tr><td>室外机组</td><td>30</td><td>42</td></tr>
<tr><td rowspan="2">制冷剂</td><td>种类</td><td colspan="2">R22</td></tr>
<tr><td>注入量/kg</td><td>0.77</td><td>1.27</td></tr>
<tr><td colspan="2">电源插头线线径/mm</td><td>7.4</td><td>8.4</td></tr>
<tr><td rowspan="2">连接管规格/mm</td><td>液管(接管螺纹)</td><td colspan="2">6×1(M12×1.25)</td></tr>
<tr><td>气管(接管螺纹)</td><td>10×0.75(M16×1.5)</td><td>12×1(M18×1.5)</td></tr>
<tr><td colspan="2">控温范围/°C</td><td colspan="2">15～30</td></tr>
<tr><td colspan="2">使用环境温度范围/°C</td><td colspan="2">-7～43</td></tr>
</table>

(2) 阅读产品说明书　一般厂家均备有产品说明书（安装说明书和使用说明书），安装之前应仔细、认真地阅读，并按照说明书中介绍的方法进行安装。

(3) 选择安装位置　空调器的安装位置取决于建筑条件和用户的选择以及空调器本身的要求，安装时因地制宜，进行综合考虑，选择最佳安装位置。

(4) 检查电源　空调器的电源有 220V 和 380V 两种。空调器安装前，应协助用户检查电负荷是否充足，电源电压是否在允许范围内。空调器应有专用设备的插座、专用线路，不要和其他电器共享一个电源插座，电源线要匹配，空气开关、插座的容量是否满足要求，过细的电线在空调器工作时会因电流过大而发热，容易发生事故。

(5) 准备工具和材料　安装空调器前应准备好必要的工具及厂家未配送的辅助材料。

三、实训设备和材料

1) 分体空调器	1台
2) 窗式空调器	1台
3) 电焊机	1台
4) 电锤	1把
5) 冲击钻	1把
6) 焊接设备	1套
7) 真空泵	1台
8) 双表修理阀总成	1套
9) 氧气瓶	1只
10) 氮气瓶	1只
11) 氟瓶	1只
12) 万用表	1只
13) 扳手	1套
14) 旋具	1套
15) 水平仪	1把
16) 胀扩管器	1套
17) 割管器	1把
18) 卷尺	1把
19) 各种规格铜管及保温管	若干
20) 各种规格电线	若干

四、实训步骤

1. 窗式空调器安装实训

(1) 安装要求

1) 窗式空调器一般安装在窗户上，也可以采用穿墙安装。

2) 安装位置要通风良好，远离热源，且排水顺畅。

3) 窗式空调器的安装高度应以1.5m左右为宜，若空调器的后部（室外）有墙或其他障碍物，其间的距离不得小于1m。

4) 窗式空调器左右两侧的通风百叶不能受阻，两侧必须有相应的通风空间。

5) 窗式空调器必须将室外侧装在室外，而不允许在内窗上安装，室外应尽可能不在楼道或走廊内。

(2) 窗式空调器安装步骤

1) 选择好合适的位置。根据用户要求及窗式空调器本身要求综合考虑，选择最合理的位置。

2）根据窗式空调器制冷器的外形尺寸，用尺子在墙上（或窗户）画好线。

3）在墙上（或窗户）按画好的线开洞，墙洞底部适当外倾，并将洞口修平整，注意墙洞不宜过大，以容下空调器为宜。

4）将事先按空调器外形尺寸做好的三角支架固定到墙上（或窗户上）。

5）安装遮阳防雨篷。

6）装好排水弯头及排水管，将空调器放入墙壁洞（或窗户洞），并固定好。

7）用发泡剂或其他材料将缝隙填好，密封。

8）将排水管引至合适的位置，安装结束。如图6-2所示。

9）按使用手册接通电源，运行空调器。

（3）安装注意事项

1）窗式空调器安装位置尽量远离热源，如锅炉房、厨房、食堂排气孔，同时尽量防止日晒。

2）窗式空调器安装时，应平稳固定在支架上，以免振动产生噪声。

3）安装时应用水平仪测量，出水口端应比空调器前端低30～50mm，以保证排水顺畅。

4）空调器的逆风口、回风口和室外排风口不能有堆积物遮挡，气流要保持通畅。

5）在空调器的室外侧可装设遮阳防雨篷，但不允许用铁皮等物将室外侧遮盖起来，否则因空调器散热受阻会影响空调器的日常使用。

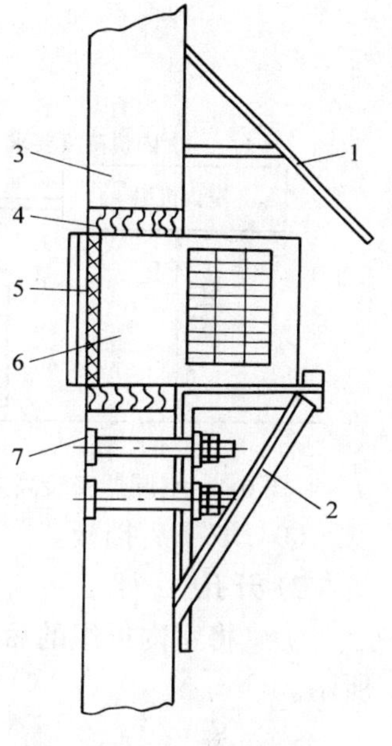

图6-2 窗式空调器的安装

1—遮阳篷 2—空调支架 3—墙体 4—发泡剂 5—空调器面板 6—空调器 7—固定螺栓

2. 分体壁挂式空调器（三洋C97）**安装实训**

（1）分体壁挂式空调器安装要求

1）空调器应避免安装在有日光直射及靠近热源的地方。

2）避免安装在有易燃气体泄漏和有油污的地方。

3）根据空调器本身要求及用户要求选择最合适的位置，并能承受机组重量。

4）安装时尽量使冷媒管和排水管有通向室外的最短距离。

5）安装时应有足够空间以保证空气循环通畅，且便于操作维修，见图6-3。

6）安装时，室内外机组间高差（H）和管长（L）应符合厂家规定的高度和长度，见图6-4。表6-3是三洋C97所允许的管长和高差。

表6-3 空调器安装高差（H）和管长（L）要求

出厂允许最大管长/m	管长限制/m	高差限制/m	补充制冷剂量/（g/m）
7.5	15	7	15

（2）分体壁挂式空调器安装步骤

1）拆下空调机组后挡板。

① 拧下后挡板的固定螺钉，如图6-5所示。

② 按框架外壳上2处有△标记的地方，使用定爪与框架脱离，如图6-6所示。

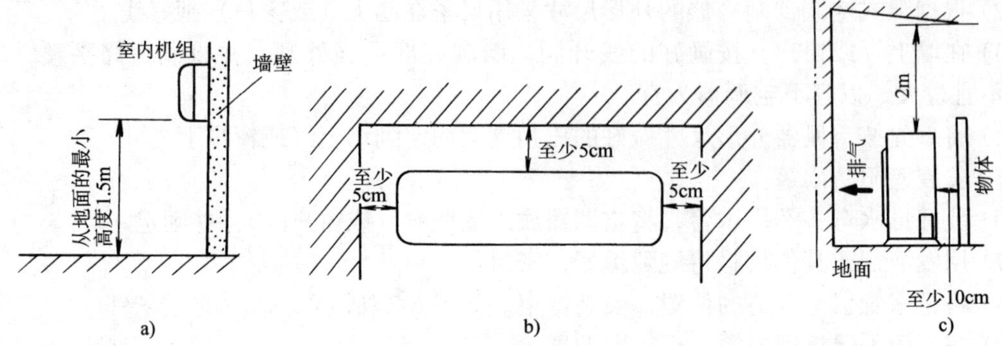

图 6-3 空调器安装空间

a) 内机高度要求（侧面） b) 内机尺寸要求（正面） c) 外机安装尺寸要求（侧面）

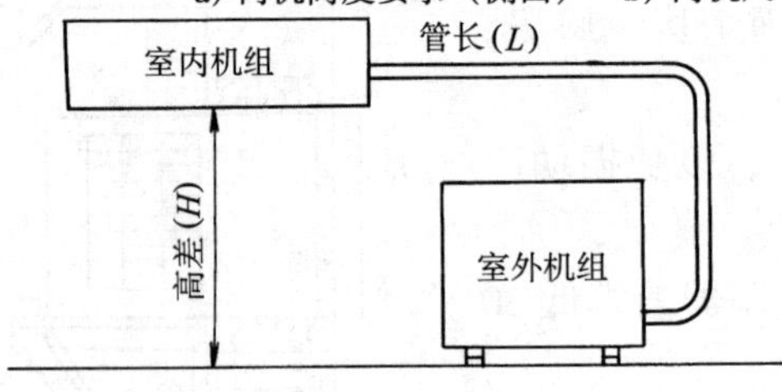

图 6-4 空调器安装高差(H)和管长(L)

仅用于运输的固定螺钉

图 6-5 拆下后挡板的固定螺钉

③ 取下后挡板。

2) 开孔。

① 将室内机组的后挡板，放在预先选择好的位置，并保持水平，画好线，如图 6-7 所示。

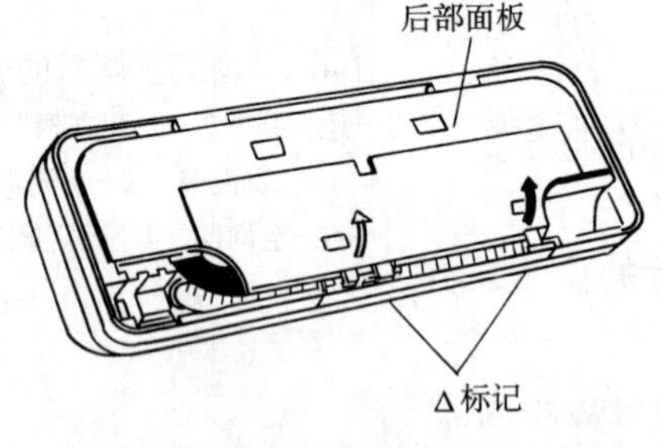

图 6-6 取下后挡板

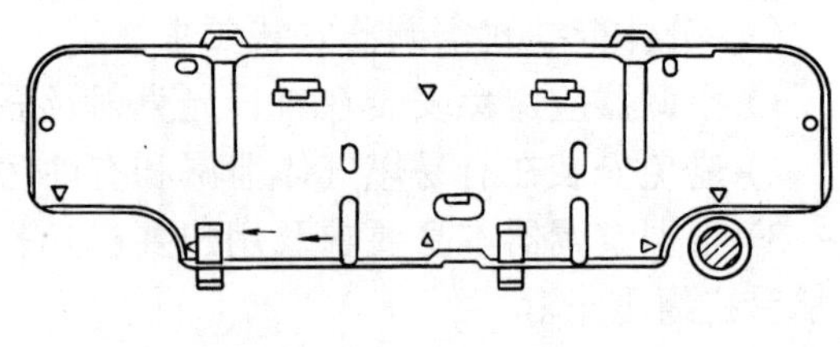

图 6-7 画线

② 用直径为 56mm 的空心钻在墙上平均开孔，如图 6-8 所示。开孔前应确认开孔处的墙壁内部没有管线通过。

③ 安装穿墙管及塑料盖（仅限于室内），如图 6-9 所示。

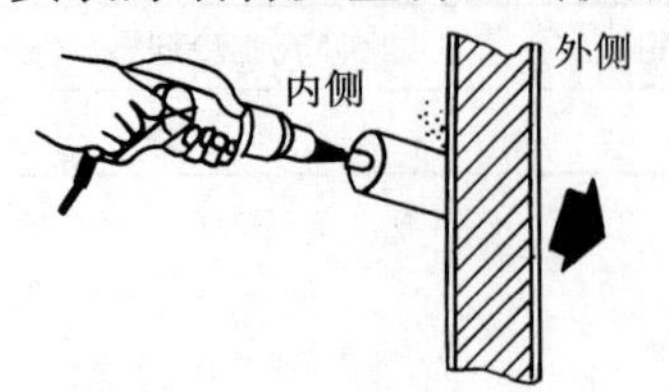

图 6-8 开孔

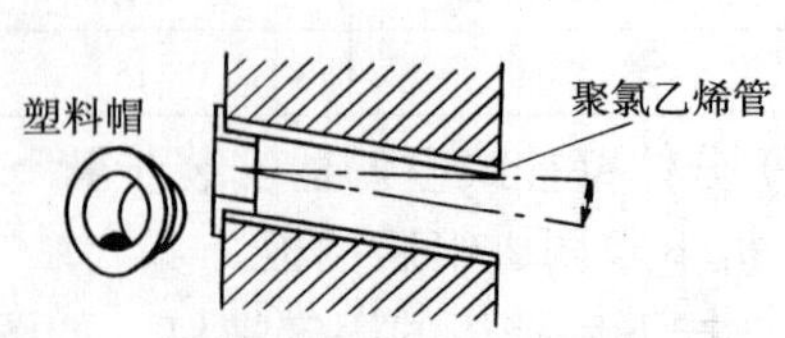

图 6-9 安装穿墙管

3）固定挡板。

① 用随机附带的水泥钉，将后挡板固定在墙上。

② 用卷尺和水平仪检查后挡板是否处于水平，以保证机器正常运转，见图 6-10。

③ 确认后挡板固定牢固，防止因其松动而产生的振动和噪声。

4）卸装空调器面板。

① 将导风板置于水平位置。

② 拧下 2 颗固定螺钉，见图 6-11。

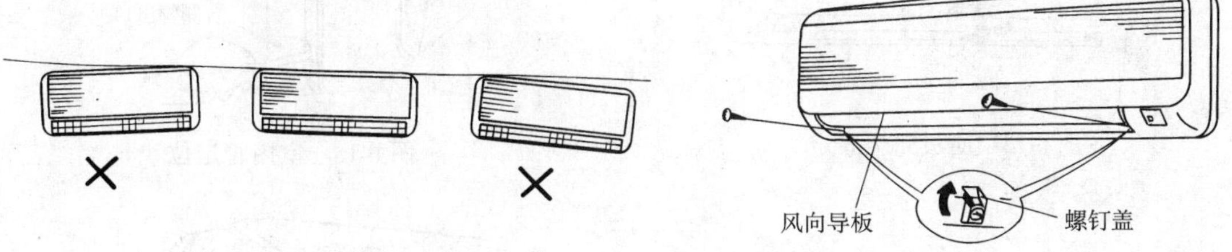

图 6-10 水平仪检查

图 6-11 拧下空调器面板固定螺钉

③ 用标准旋具向上按 3 个卡爪，卸下空调器面板，见图 6-12。

④ 使导风板处于关闭状态，将面板安装在室内机组的下部，使卡爪插入卡槽，向上推面板的下部，将面板安装到其位置，见图 6-13。

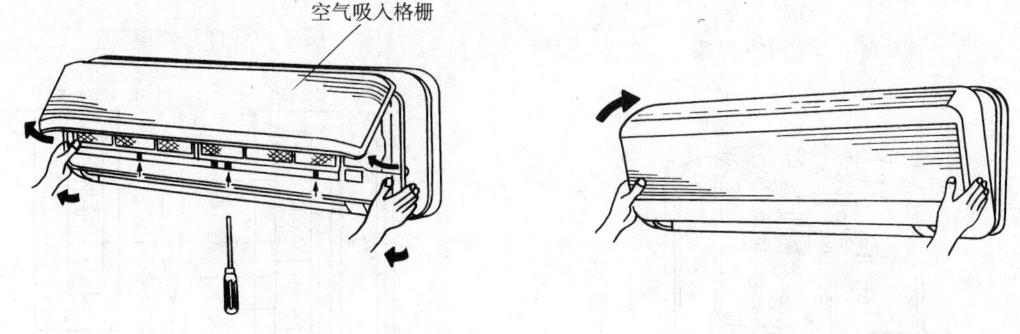

图 6-12 卸空调器面板

图 6-13 卸装空调器面板

⑤ 分别按 4 个卡爪，使面板完全固定，并检查面板与框架是否牢固固定，见图 6-14。

5）室内管定位。

① 管道向左或向右时用锯子锯掉外壳左角或右角相应部分，见图 6-15（管道向左后方或右后方时不用锯掉）。

② 按空调器出管方向铺设管道。

③ 将室内机后部的两个挂钩挂到后挡板的凸起上，见图 6-16。

6）室内机组接线。

① 握住吸气面板的两个角，然后将其挖出打开。

② 拆下右侧盖板的螺钉，然后打开盖板，见图 6-17。

③ 将连于室内机组的电线插入墙壁上的孔内，使电线伸入室内，并从室内机的后面拉到前面进行连接，见图 6-18。

④ 参考接线图 6-19，将电线连接到端子板上的相应端子，并用电线卡子将电线固定好。

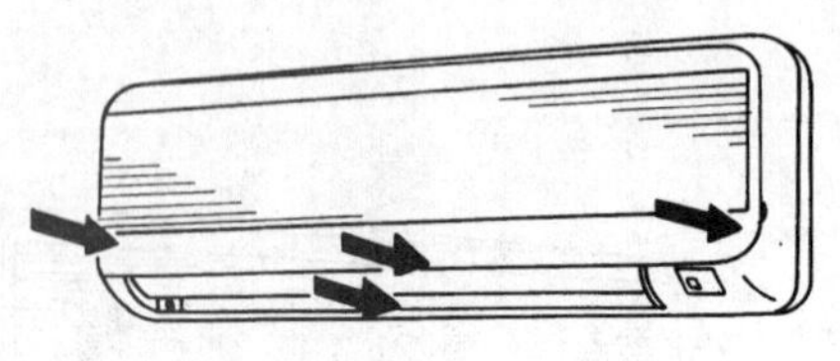

图 6-14 面板完全固定

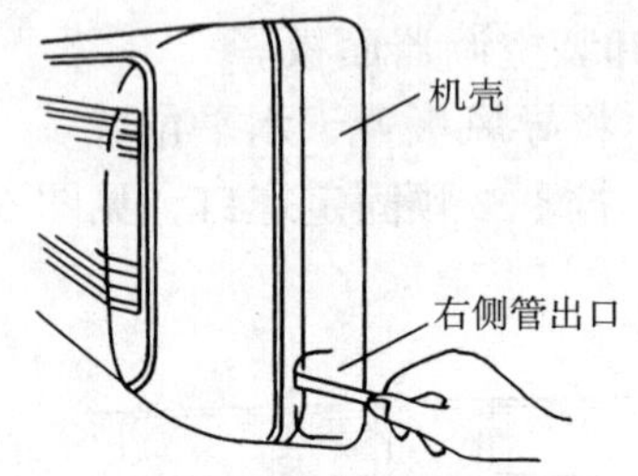

图 6-15 室内管定位

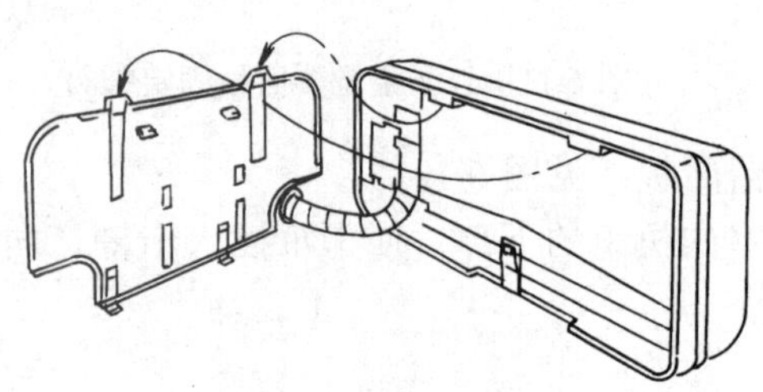

图 6-16 室内机安装

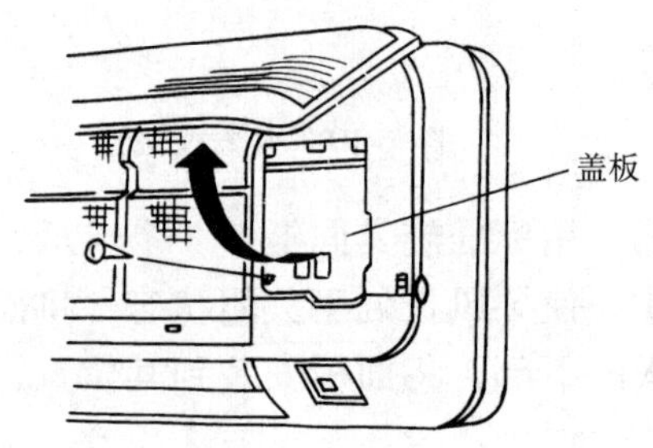

图 6-17 打开盖板

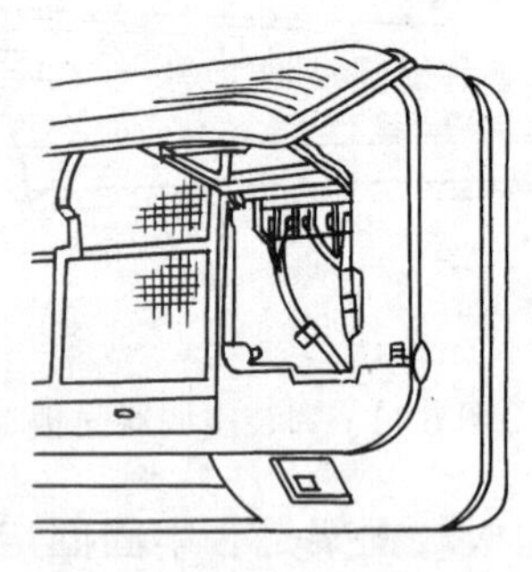

图 6-18 布线

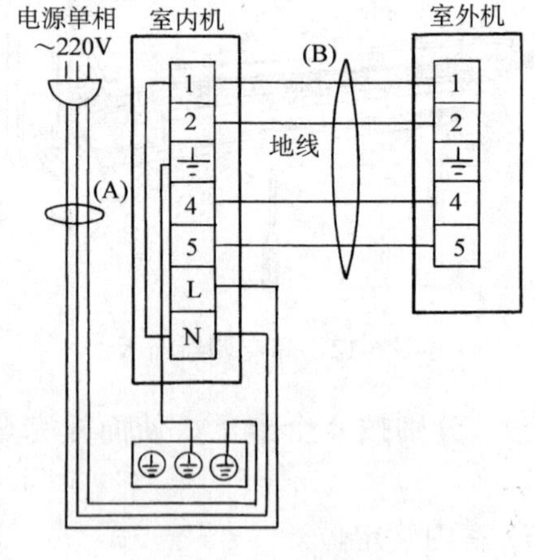

图 6-19 参考接线图

⑤ 重新盖上盖板和吸气格栅。

7）室内机组安装。

① 将室内机组装至后挡板上部的两个挂钩上。

② 向下握住空气出口，并推室内机组的下部，直到其牢固地锁定于后挡板下部的两个固定挂钩上。

8）室外机组安装。

① 将符合空调器室外机组底脚尺寸的支架用金属膨胀螺栓固定到墙上，确认固定牢固可靠。

② 将室外机组放置到支架上（或预先浇注好的基础上）并用螺栓固定好，防止振动和噪声。

③ 用水平仪检查外机水平情况。

9）管线连接。

① 整理制冷剂管道形状，小心弯曲管道，顺着墙壁连接到室外机组的方向，使其容易通过墙壁上的孔，见图 6-20。

② 拆下机器上的防尘盖和管道上的防尘塞。

③ 将管道接口和螺纹口对直，开始时轻轻用手拧上旋紧螺母，以保证接口相通，见图 6-21。

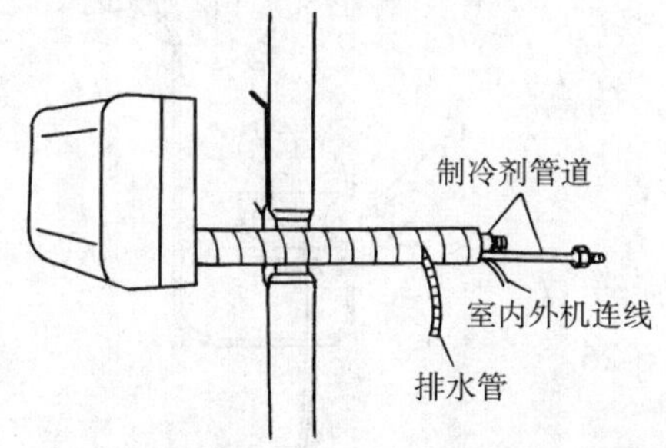

图 6-20 整理制冷剂管道

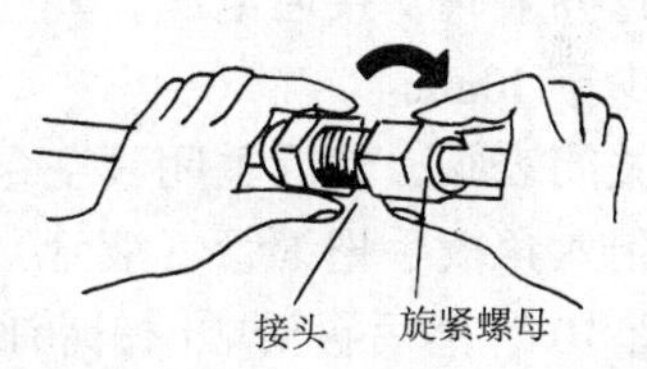

图 6-21 管道连接 1

④ 用两个扳手加以拧紧，保证不泄漏，见图 6-22（拧紧力矩参照表 6-4）。

表 6-4 管道拧紧力矩参照表

管道直径/mm	拧紧力矩/N·m
6.35	15 ~ 20
9.52	35 ~ 40

⑤ 在确认管道连接无泄漏后，将室内机管道连接处按图 6-23 用绝热材料包扎严实。

⑥ 拆下室外机接线盒盖板，按图 6-19 将电线正确连接到相应的端子上，见图 6-24。

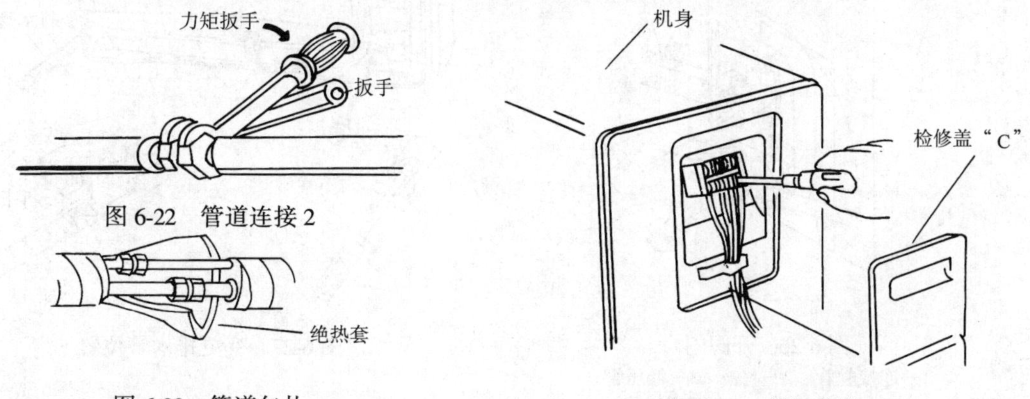

图 6-22 管道连接 2

图 6-23 管道包扎

图 6-24 外机接线

⑦ 用包扎带将两根冷媒管、电线及排水管包在一起形成一个管束，包扎时从室外机组下部往上一直包扎至室内出口。

⑧ 将包扎好的管束用管卡固定在墙上。

⑨ 将排水管引至合适位置。

⑩ 安装结束后用发泡剂或腻子封住墙壁上的孔，防止漏雨水和通风。

10）抽真空。

① 抽空前应确认室内外机组间的所有管道都已正确连好，用于试验运行的所有线路都完好。

② 用扳手打开室外机组上两个截止阀的阀帽。

③ 将真空泵和双表修理阀连接到粗管截止阀的检修口上，见图 6-25。

④ 打开表阀，接通电源，真空泵开始抽真空，抽真空时间不少于 10min。

⑤ 关闭表阀，然后关闭真空泵，抽真空完成。

⑥ 用六角扳手把细管（液管）截止阀逆时针旋转 1/4 圈，停留 10s，然后再沿顺时针将阀杆旋紧，见图 6-26。

⑦ 用肥皂水对管道连接处进行检漏。

⑧ 确认系统无泄漏后，用六角扳手将两个截止阀杆按逆时针方向全部打开。

⑨ 用扳手旋紧两个截止阀的阀盖。

11）开机运行调试。

（3）注意事项

1）安装过程中，如果是左侧出管，请按图 6-27 变更排水管位置，且保证安装牢固。

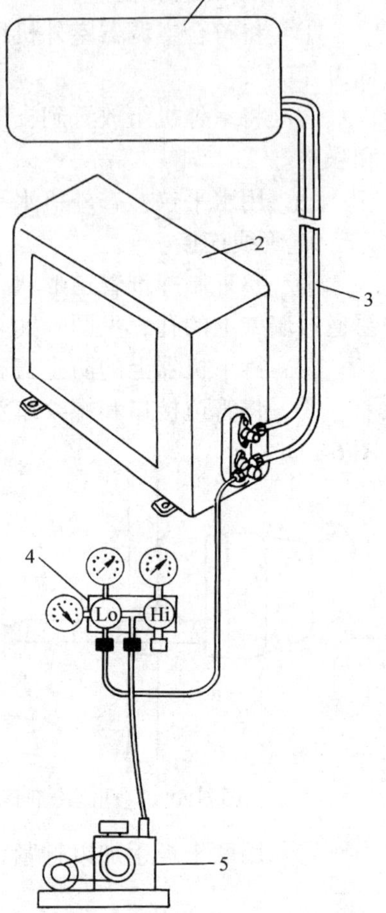

图 6-25 抽真空

1—室内机 2—室外机 3—连接管道 4—双表维修阀 5—真空泵

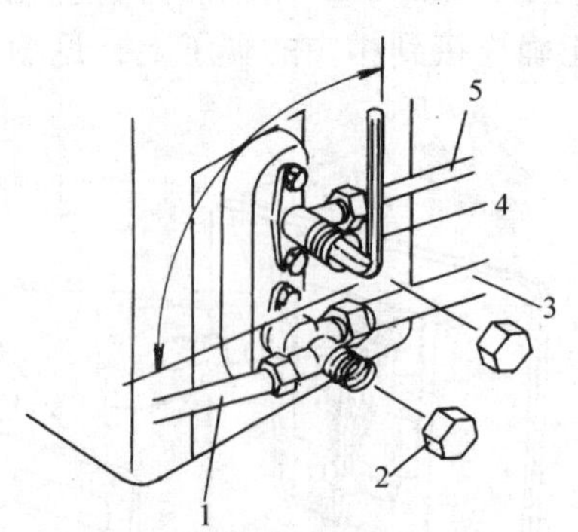

图 6-26 开阀门

1—连接软管 2—阀盖 3—低压管 4—六角扳手 5—高压管

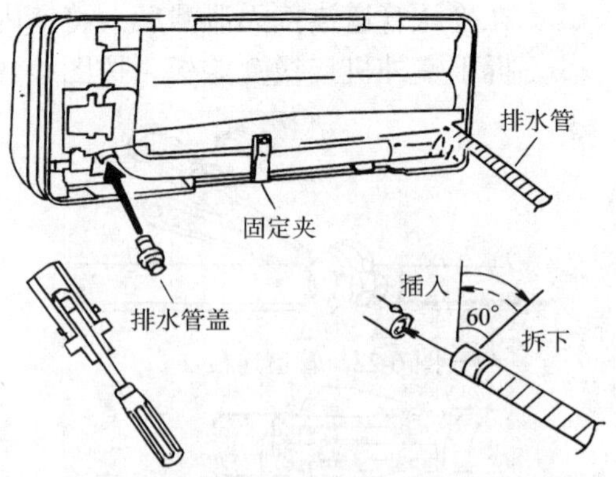

图 6-27 变更排水管位置

2）冷媒管道在连接前不要将防尘帽打开，以防污染管道。

3）连接管道的喇叭口应光滑无翻边、折边现象。

4）空调器连接线应用旋具拧紧，防止松动。

5）为了防止发生触电事故，所有空调器都必须安装地线。

6）空调器连接管道长度超过标准长度时，应按厂家规定进行补充，补充氟利昂可在抽真空之后开阀门打压之前进行，也可以开机运转后进行。

五、实训记录

1）分体空调的连接管道为什么有长度和高度要求？

2）空调器电源是否一定要单独布线？

3）分体空调安装时是否可以用制冷剂排空气法代替抽真空？

4）窗式空调器安装有何要求？

5）填写实训记录表6-5。

表6-5 实训记录

<table>
<tr><th colspan="3">项目名称</th><th>安装步骤</th></tr>
<tr><td rowspan="8">窗式空调器安装</td><td>规格型号</td><td></td><td rowspan="8"></td></tr>
<tr><td>制冷量</td><td></td></tr>
<tr><td>制热量</td><td></td></tr>
<tr><td>输入功率 max</td><td></td></tr>
<tr><td>使用温度范围</td><td></td></tr>
<tr><td>外形尺寸</td><td></td></tr>
<tr><td>质量</td><td></td></tr>
<tr><td>工质</td><td></td></tr>
<tr><td rowspan="11">分体壁挂式空调器安装</td><td>规格型号</td><td></td><td rowspan="11"></td></tr>
<tr><td>制冷量</td><td></td></tr>
<tr><td>制热量</td><td></td></tr>
<tr><td>输入功率 max</td><td></td></tr>
<tr><td>内机外形尺寸</td><td></td></tr>
<tr><td>外机外形尺寸</td><td></td></tr>
<tr><td>使用温度范围</td><td></td></tr>
<tr><td>接管规格</td><td></td></tr>
<tr><td>质量</td><td></td></tr>
<tr><td>工质</td><td></td></tr>
<tr><td>噪声</td><td></td></tr>
</table>

六、考核标准

考核标准见表 6-6。

表 6-6 考核标准

	项目	技术要求	分值	得分
窗式空调器安装	安装位置选择	安装位置合理	5	
	支架制作	1）尺寸符合安装要求 2）有足够的强度	5	
	空调器安装	1）安装合理规范 2）排水顺畅	5	
	运行调试	1）正确操作空调器 2）介绍空调器的操作方法	10	
分体壁挂式空调器安装	安装位置选择	安装位置合理	5	
	室外支架制作	1）尺寸符合安装要求 2）有足够的强度	5	
	室内机安装	1）安装合理规范 2）排水顺畅	10	
	室外机安装	1）安装合理规范 2）要有足够的强度和维修空间	5	
	管道布置和连接	1）管道布置合理 2）管道连接密封，无泄漏	10	
	电线布置和连接	1）电线选择、布置合理 2）接线符合电器规范要求	5	
	系统抽真空排空气	1）抽真空操作规范 2）真空度是否达标	10	
	运行调试	1）正确操作空调器 2）介绍空调器的操作方法	10	
实训报告			15	
合计			100	

实训七

空调器元器件及基本电路

7

一、 实训目的
二、 相关理论和技能
三、 实训设备和材料
四、 实训步骤
五、 实训记录
六、 考核标准

一、实训目的

1）了解空调器元器件的结构，掌握其工作原理。
2）掌握空调器元器件检测方法。
3）掌握空调器基本电路工作原理。
4）学会空调器基本电路检测方法。

二、相关理论和技能

1. 空调器的选择开关

选择开关（又称主令开关）在窗式空调器电气系统中，用来控制通风、制冷、制热等各种功能的切换。目前常用的选择开关有 03、04、07 三种。03、04 开关可 360°旋转，用于单冷型空调器；07 开关从中间（停的位置）分别向两边旋转，用于冷热两用型空调器（冷热转换必先停机）。

选择开关的众多触点分层安置，并由中间的凸轮来控制通断。由于每层凸轮做成不同的形状和大小，因此，开关旋到不同的位置时，通过凸轮的作用，就可使各对触点按所需要的规律接通或分断。

图 7-1 为使用 03 开关的单冷型窗式空调器电气原理图。开关的各对触点在旋钮转到不同操作位置时的通断状态（图中涂黑处表示接通）。

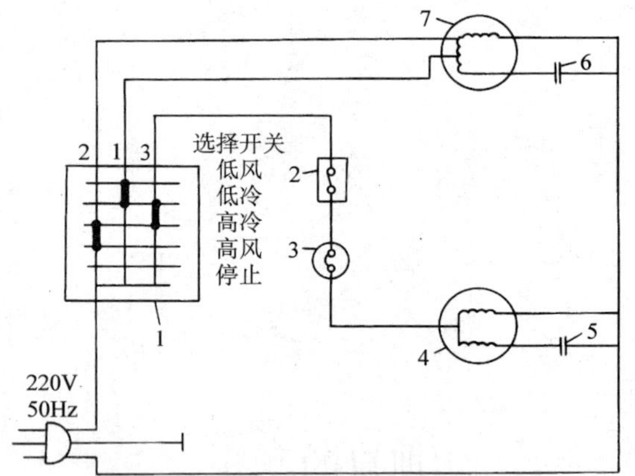

图 7-1 单冷型窗式空调器电气原理图
1—选择开关 2—温控器 3—过载保护器 4—压缩机 5—压缩机电容 6—风机电容 7—风机

2. 电磁开关接触器

电磁开关接触器的结构如图 7-2。这是将电磁铁和接触器相结合的组合件。电磁开关接触器以微电流磁化线圈，从而驱动接触区域的接触器，使大电流能够流过。

当切断流进电磁线圈的电流而去磁时，在接触区域的接触器靠弹簧的作用而复位，从而切断电流。另外，根据要求将电流送到电磁线圈，或者将电流切断以切换接触器。

通常，用镉化银作为磁性接触器的材料，以满足感应负载（例如压缩机）起动时产生的大电流。

正常状态下接触器线圈阻值应在 400 ~ 500Ω 左右，用万用表 $R\times1\Omega$ 挡能很容易测量出来，也可以在通电情况下测量线圈两端有无 220V（或 380V）电压，如有电压，说明接触器线圈正常，否则相反。

3. 高压开关

高压开关是保护性装置。当制冷循环的高压侧出现异常高压时，主压开关动作，关闭压缩机马达，防止设备发生故障。在高压开关处于工作状态时，一定要立即检查故障原因，并排除故障。

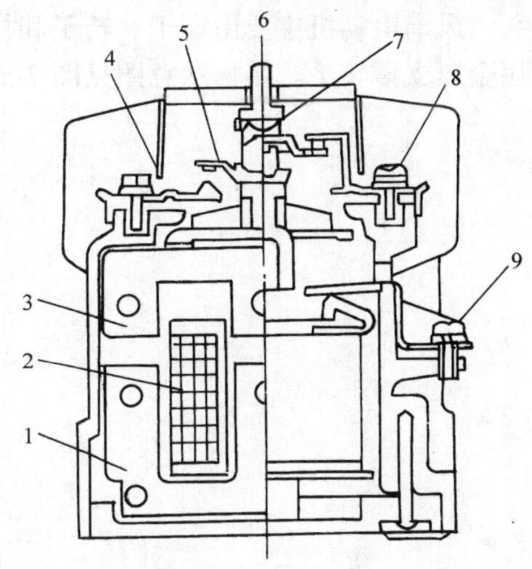

图 7-2　接触器

1—固定衔铁　2—线圈　3—移动衔铁　4—固定触点　5—移动触点　6—触点弹簧　7—电路端子　8—接线端子　9—线圈端子

总结构如图 7-3 所示。在机体内有一个波纹管和一个毛细管。该毛细管连接于制冷循环的高压侧(压缩机的出口侧)，用于检测高压。当高压侧的压力过高时，波纹管受压，进而压迫工作板，打开接触点，因此，关闭了压缩机。高压开关的工作压力由冷凝器的冷冻和冷却方式而决定。该工作压力是根据安全标准设立的。安全标准规定压力开关的工作压力应该低于制冷循环高压侧的设计压力。因此，不允许在安装地改变工作点。

对空气冷却型，为了确认此作用，用一适当的掩板罩住冷凝器的冷空气入口或喷气口，从而减少空气体积以提高高压压力。通常，高压开关工作的偏离应该在 ± 0.1MPa 的范围内。如果偏离程度超出了这一范围，则应更换此开关。

引起高压开关起动的原因有以下几种：室外风扇停转，冷却空气体积的降低，由于制冷电路的短路引起的温度上升，冷凝器散热表面的淤塞等。内装微处理机的空调机使用自动复位式的高压开关。

4. 过载继电器

直接测量马达的线圈温度，从而进行加热保护。密闭式压缩机广泛使用双金属式内部过载继电器（IOL 或内部温度），因为这种继电器价格便宜。

结构示意图见图 7-4。金属片和接触点封闭于金属盒内。过载继电器装于马达线圈内，直接检测线圈温度。当线圈过热时，继电器开始工作，断开线圈电路，马达停转。正常的工作温度根据线圈的绝缘类型而变化。压缩机的工作温度在 105 ~ 115°C 之间。

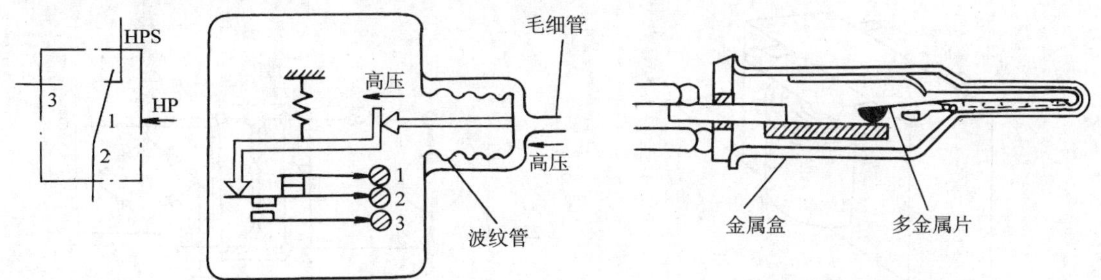

图 7-3　高压开关

图 7-4　过载继电器

检修时可用万用表电阻挡测量主回路与控制回路的通断，判断继电器是否有故障；也可用钳形电流表测量压缩机运转电流，如运转电流正常，继电器动作，说明继电器有故障，否则相反。

5. 风扇电动机

风扇电动机主要由定子、转子和托架组成。过去，采用球轴承支撑转子，现在大多采用金属支撑转子。结构示意图见图 7-5。

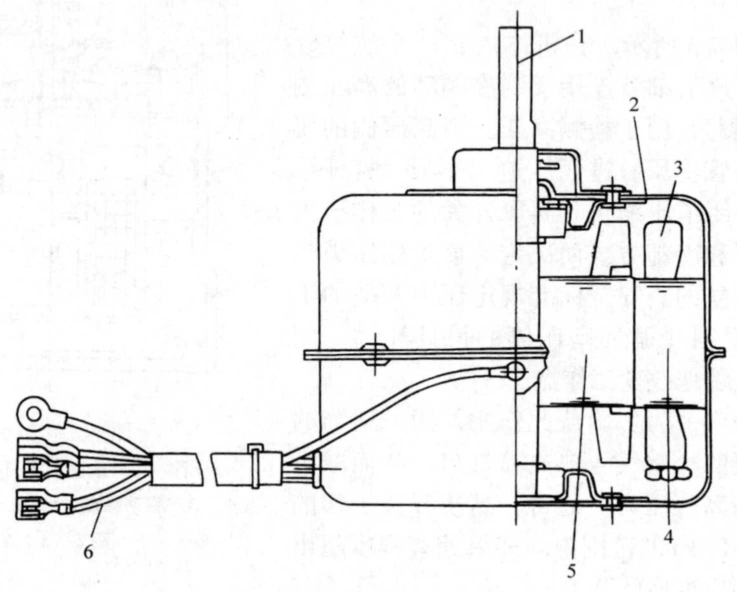

图 7-5 风扇电动机

1—电动机轴 2—外壳 3—定子线圈 4—定子 5—转子 6—接线端子

通常，辅助线圈的中心位置速度调节器的抽头（引线），通过操作开关或传感器将电压加到这些引线上，可以改变电动机的转速。

6. 变压器

除了个别部件以外，印制电路板上的大部分组件都在低电压下工作，比如：5V 或 12V。变压器将交流电源转换成低电压。

变压器分一次侧和二次侧。通常，一次侧是普通电源，二次侧是所需电源。进一步讲，二次侧的电压可以通过增加/减少二次侧线圈的圈数而改变，如图 7-6 所示。

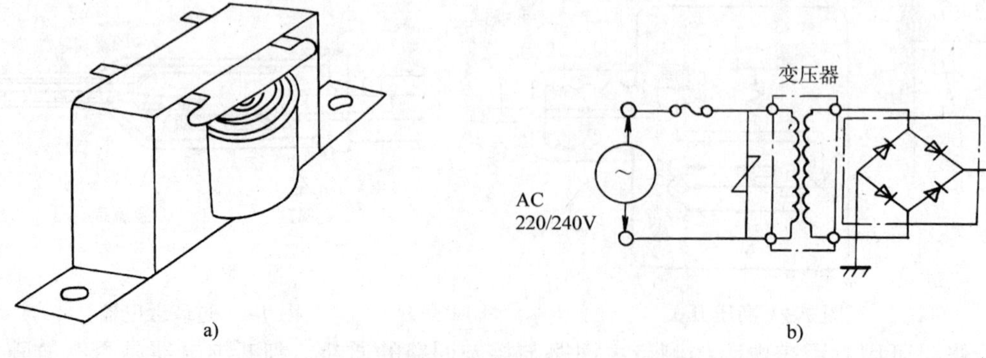

图 7-6 变压器

a) 外形图 b) 电路图

7. 空调器电子元器件

(1) 电阻器　在电路中，电阻与其他电子组件可组成各种电路，例如分压、限流、温度检测等，按其结构可又分为单个电阻、排电阻、贴片电阻等。

1) 普通电阻的表示方法。直接表示法：在电阻上将电阻值和功率值直接表示出来。色环表示法：将电阻值以及误差值用不同颜色来表示。它的内部结构如图 7-7a 所示。

2) 贴片电阻表示方法。贴片电阻也称无引脚电阻，其电阻值大小用数字表示，最后一位数字表示倍率，前面的数字表示有效值。例如 472 阻值为 $47\times10^{2}\Omega$。

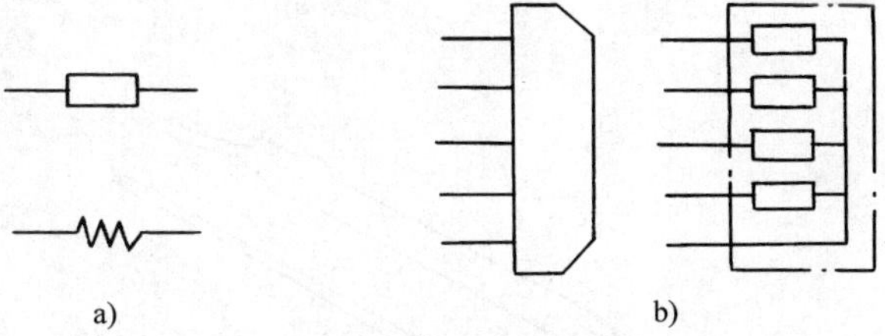

图 7-7　电阻器
a) 普通电阻　b) 排电阻

3) 排电阻是将多个等值电阻集成封装为一体，多个电阻的一端连接在一起时形成公共端引出端，其他为电阻端引出脚。它的内部结构如图 7-7b 所示。

公共端为最旁边引脚，测量时将黑表笔固定接触在公共端引脚，然后测量其他各引脚的电阻值应相等。排电阻具有体积小、安装方便等优点，常作为单片机输入与输出端的上拉或下拉电阻。

(2) 压敏与热敏电阻

1) 压敏电阻的功能。压敏电阻主要用于空调器电源电路，正常时其电阻值很大，流过它的电流很小。当电源电压超过 245V 时，压敏电阻立即由截止变为导通，由于它和电源并联所以很快将电源熔断器熔断，以防烧坏主电路板。压敏电阻电路如图 7-8 所示。

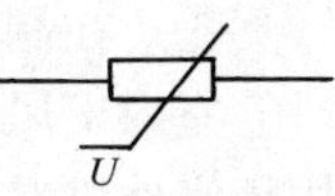

图 7-8　压敏电阻

2) 压敏电阻的检测。压敏电阻常见的故障现象是爆裂或烧毁，多为压敏电阻选择不当、电源过电压、过压时间长、电源接错、组件质量不好等原因造成。

压敏电阻是一次性组件，烧毁后应及时更换。若不换压敏电阻而只换熔断器，那么再次过电压时，会烧坏电路板上的其他组件。正常时压敏电阻值为无穷大，如果电阻值过小，则说明电阻已损坏。

3) 热敏电阻的功能。热敏电阻是电阻值随温度变化而变化的半导体器件，它分为正温度系数与负温度系数两种。其外形如图 7-9 所示。空调器中一般采用负温度系数的热敏电阻，即温度降低，热敏电阻值增大；温度升高，热敏电阻值减小。

4) 热敏电阻在空调器中不同位置的作用。室内环温热敏电阻，简称环温热敏。环温热敏电阻被安装在空调器室内蒸发器进风口，由塑料件支撑，可用来检测室内环境温度是否达到设定值。其作用有两个：其一是制热或制冷时用于自动控制室内温度，其二是制热时用于控制辅助电加热器工作。

室内管道热敏电阻，简称管温热敏。管温热敏电阻被安装在室内蒸发器管道上，外面用金属管包装，它直接与管道相接触，所以测量的温度接近制冷系统蒸发温度。其作用是：

①　冬季制热时用来作防冷风控制。

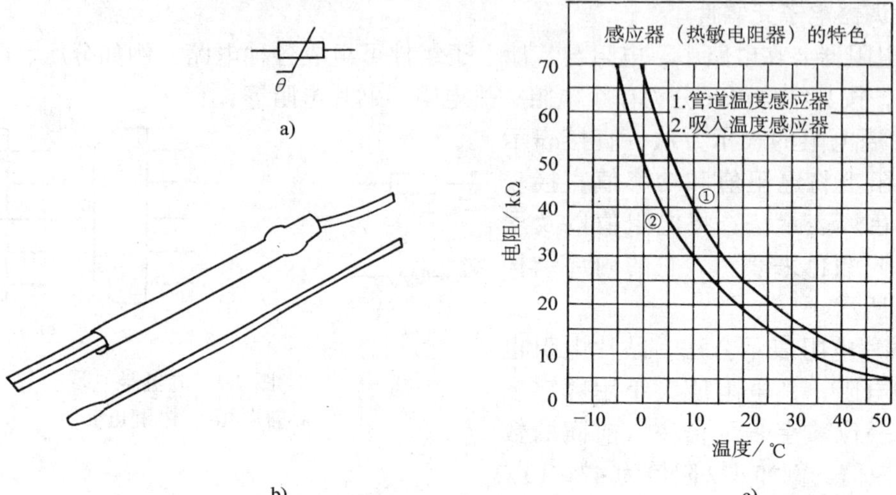

图 7-9 热敏电阻

a) 电路图 b) 外形图 c) 温度特性图

② 夏季制冷时进行过冷控制（防止系统制冷剂不足或室内蒸发器结霜）。

③ 用于控制室内风机的速度。

④ 与单片机配合实现故障自我诊断。

⑤ 在制热时用于室外机融霜。

室内出风口热敏电阻，简称排风热敏。排风热敏电阻被安装在室内风机出风口，主要用于室外机融霜控制。

室外环温热敏电阻，简称室外环温热敏。环温热敏电阻被安装在室外散热器上，由塑料件支撑，用来检测室外环境温度。其主要作用如下：

① 室外温度过低或过高时系统自我保护。

② 制冷或制热时用于控制室外风机速度。

室外管温热敏电阻，简称室外管温热敏。管温热敏电阻被安装在室外散热器上，用金属管包装，用来检测室外管道温度。主要作用如下：

① 制热时用于室外机融霜（室外管温小于 −5°C 开始融霜，室外管温大于 6°C 融霜结束，融霜时室外风机停）。

② 用于控制电磁旁通阀的通与断。

室外压缩机排气管热敏电阻。压缩机排气热敏电阻，用金属包装，安装在室外压缩机排气管上。主要作用如下：

① 压缩机排气管温度过高时系统自动进行保护。

② 在变频空调器中用于控制电子膨胀阀开启度，以及压缩机运转频率。

变频机室外低压管热敏电阻。低压管道热敏电阻被安装在压缩机贮液罐附近，制冷或制热时用来检测回液管温度，以确认电子膨胀阀的开启度，同时判断制冷剂充注量是否合适。

(3) 电容器 电容器在空调器电子电路中主要的功能是滤波、延时、升压等，同时也可用于起动压缩机。电容器的外形如图 7-10 所示。电容器的种类很多，如陶瓷、涤纶、铝、钽电解等，且耐压也不尽相同，电容器最重要的两个参数是耐压和电容量。

1）电容器的分类。电容器按其结构可分为普通电容和电解电容；按用途可分为固定电容和可变电容。普通电容无极性，不存在接错问题；电解电容有极性，在电路中不能接错，如果接错，则会造成电解电容击穿。电解电容正极引脚长，负极引脚短，在外壳有正、负极性，所以很容易区分。

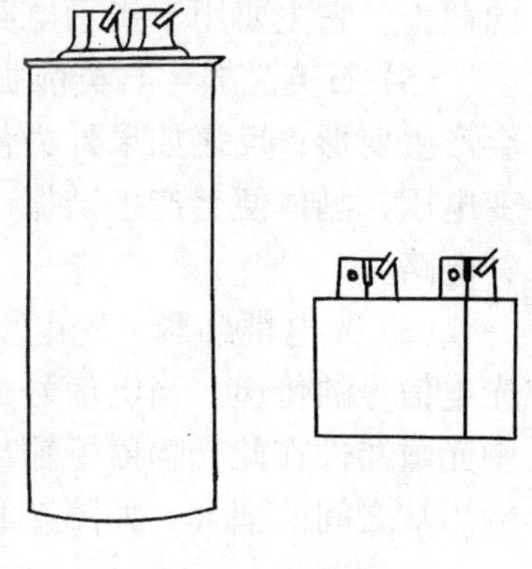

图 7-10 电容器

2）电容器的标示方法。国产电容都标有容量和耐压量，国外 CK 型瓷介电容采用数码表示，即用一个三位数字表示容量值，后面再加一个英文字母表示误差。其中，前面两位数字表示容量的有效数字，第三位数代表倍率。若第三位数是 9，则表示倍率为 10^{-1}，而不是 10^9。所表示的容量单位为 pF，英文字母代表误差。例如：

$$220\text{ 表示 } 22\times10^0\text{pF}=22\text{pF}$$

$$223\text{ 表示 } 22\times10^3\text{pF}=0.022\text{F}$$

$$104\text{ 表示 } 10\times10^4\text{pF}=0.1\text{F，正负误差 }10\%$$

（4）晶体二极管　晶体二极管在空调器控制电路和电子电路中应用广泛，其主要作用是整流、检波、钳位等。

1）二极管的种类。二极管按内部结构可分为稳压二极管、发光二极管、数码管等。

2）稳压二极管。稳压二极管外形和小功率整流二极管相同，内部也有一个 PN 结，其正向特性和普通二极管一样。但由于稳压管掺杂重，击穿电压值较低、散热条件较好，因而在反向特性上与普通二极管不同。

普通二极管不能工作在反向击穿区，否则二极管会损坏，失去单向导电性。但稳压管则不同，它恰恰工作在反向击穿区。从稳压管反向特性可以看出，在反向电压较低时，其反向漏电流也很小。当反向电压达到 A 点时，稳压管即被击穿，反向电流开始迅速增加（图 7-11），但只要反向电流不超过极限值，当外加电压切断后，稳压管单向导电性仍可恢

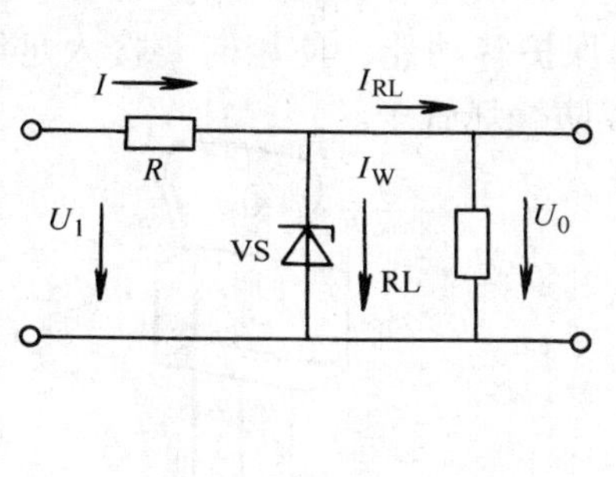

a)

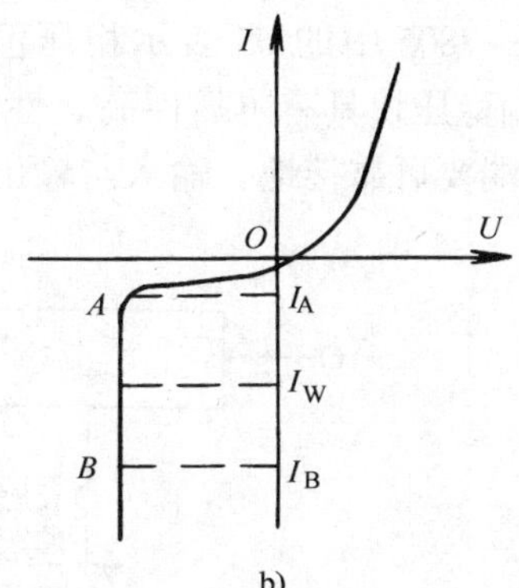

b)

图 7-11 稳压二极管

a）电路图 b）工作特性图

复，这就是稳压二极管的特殊性，利用 A—B 段反向击穿区实现稳压作用。

3）发光二极管。发光二极管（图 7-12）工作原理与普通二极管相同，即正向导通，反向截止。它主要用于指示电路工作状态。

(5) 石英晶振 石英晶振（图 7-13）具有压电效应，即在芯片两极外加电压，晶振就会产生变形；反之如果外力使晶振变形，则在两极金属片上又会产生电压。若加适当的交变电压，晶体便会产生谐振。石英晶振具有体积小、稳定性好等特点，主要用于单片机时钟电路。

(6) 光电耦合器 光电耦合器由发光二极管和半导体光敏器件组成，它主要用来实现光电信号的传递。当电信号加到光电耦合器输入端时，发光二极管道通发光，光电耦合器中光敏器件在此光辐射下输出光电源，从而实现电—光—电的转换，通过光完成输入端与输出端之间的耦合。如图 7-14 所示。

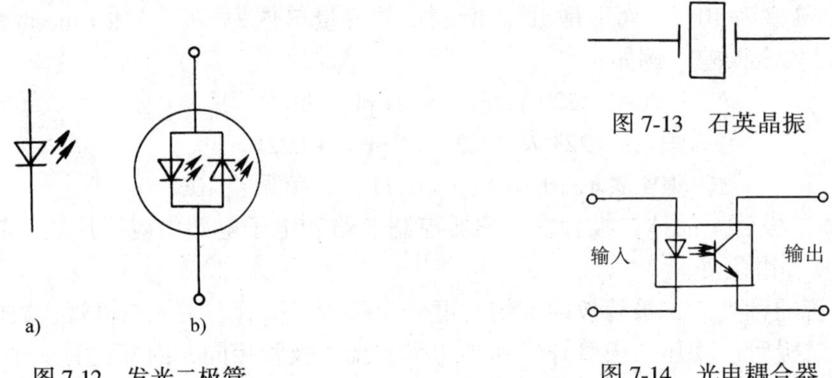

图 7-12 发光二极管

图 7-13 石英晶振

图 7-14 光电耦合器

光电耦合器的主要特点是：输入与输出间信号绝缘、单向传递、抗干扰能力强、响应速度快、工作稳定可靠。

(7) 三端稳压块 三端稳压集成块内部电路由基准电路、比较电路、调整电路、采样电路、保护电路等组成，它主要用于直流稳压。三端稳压外形像一只大功率三极管，三只管脚分别为输入、输出、接地脚。根据其输出电压可分为 7805、7812 等，其中 78 后面的数字表示稳压值。

例如：7805 中的 05 表示稳压值为 5V，如图 7-15 所示。7812 中的 12 表示稳压值为 12V。三端稳压块具有可靠性高、性能好、有自动保护等功能，使用时要接入足够的散热片，公共端要可靠接地，输入与输出端不可接反以防烧坏管子。

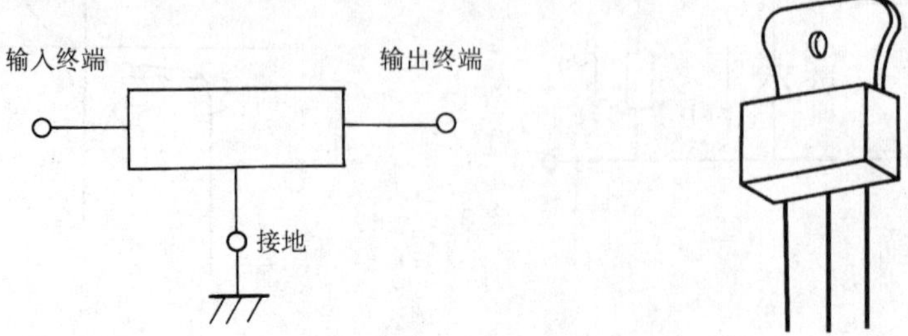

图 7-15 三端稳压块

8. 基本电路

(1) 5V、12V 电源电路

1) 电路原理。如图 7-16 所示，220V 经熔断器 FU 至变压器 T 一次侧，电容 C1、压敏电阻 RV 与电源并联。当电源电压超过 245V 时，压敏电阻由截止变为击穿，即电流增大熔断器 FU 熔断，保护主电路不被烧坏。C1 高频旁路电容是用以防止高频干扰的。

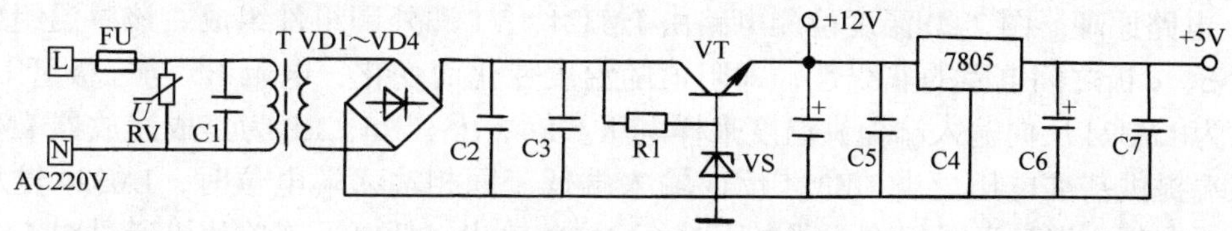

图 7-16　5V、12V 电源电路

变压器二次侧输出的交流 13V，经 VD1 ~ VD4 桥式整流输出 14V 直流，C2、C3 低、高频过滤电容、电阻 R1 与稳压二极管 VS 构成稳压电路，它为电源调整管提供基准电压。这样 14V 经 VT 电源调整管后输出稳定的 12V。

当电源或负载变化使输出电压降低时，由于电阻 R1 与稳压管 VS 使电源调整管 VT 基极电压保持不变，而 VT 发射时的输出电压降低，使 U_{be} 上升，引起基极电流 I_b 增大，此时集电极流 I_c 相应增大，U_{ce} 减小，这样就使调整管 VT 发射极电压上升，所以保持了输出电压稳定不变。当电源或负载变化而使输出电压上升时，稳压过程与上述过程相反。

该电路为阶梯式稳压电源，12V 为驱动电路和三端稳压 7805 提供直流能量，此电压经三端稳压 7805 后输出，为主芯片与外围电路提供直流电源。C2、C5、C6 为低频滤波电容，C3、C4、C7 为高频滤波电容。

(2) 温度控制电路　温控电路是通过感温组件将室内温度变化转换为电信号，然后自动控制温度的电路。空调器主电路板常见温度检测电路有四种形式。

1) 电路原理。图 7-17 是将室温变化通过热敏电阻 RT 与电阻 R 分压转换成电压信号，此信号在单片机内与基准信号进行比较，最终控制压缩机开与停。电容 C 用于防止电压变化过快。RT 为负温度系数热敏电阻，即温度降低电阻值增大，温度升高电阻值减小。通常热敏电阻值是指在 25℃ 时所测到的电阻值。

2) 电路原理。图 7-18 是通过改变电位器 RP 中心抽头位置来改变电阻压 VR 大小，这样就决定了压缩机开停时间的长短。R1、R3 为温控电路提供基准电压，在单片机内与温度采样信号进行比较，然后控制压缩机的开与停。

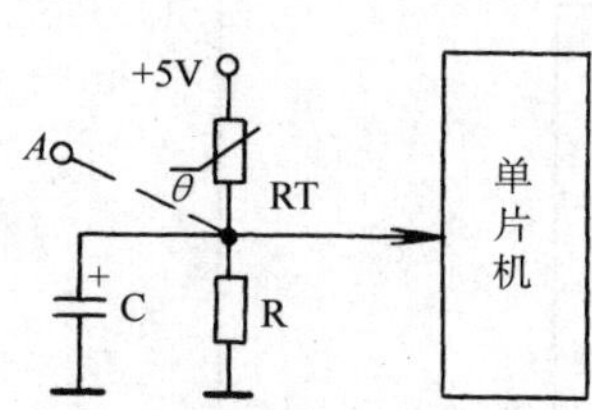

图 7-17　温度控制电路（一）

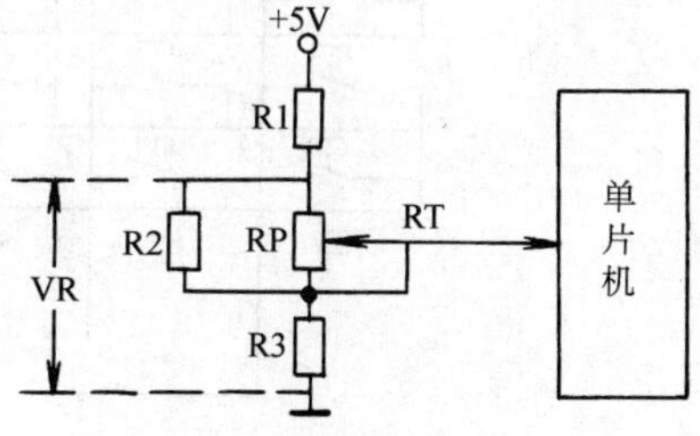

图 7-18　温度控制电路（二）

3）电路原理。图 7-19 为温度检测电路。该电路由外围组件与 LM339 电压比较器组成，其中：R1 为分压电阻，RP 为可变电位器，RT 为热敏电阻，R2 为分压电阻。

当室内温度高于设定温度时，LM339 的 11 脚电位大于 10 脚电位，其 13 脚输出高电平，此时压缩机开始运行。当室内温度低于设定温度时，LM339 的 11 脚电位小于 10 脚电位，其 13 脚输出低电平，空调器停止运行。

4）电路原理。图 7-20 温度检测电路由 LM324、VT 和外围组件组成。该感温组件利用三极管 b、e 极之间电阻的非线性，即阻值随温度变化而变化，电阻 R3 与三极管 b、e 串联后，为 LM324 反向输入端提供温度采样电压。R4、R5、R6、RP 为集成运放器 LM324 同相输入端提供基准电压。当 LM324 反向输入端低于同相输入端电位时，LM324 输出高电平。当反向输入端高于同相输入端电压时，LM324 输出一低电平。单片机通过对 LM324 输出脚电位调高低的检测，实现室温的自动控制。R1 为反馈电阻，C1、C2 为高频滤波电容。

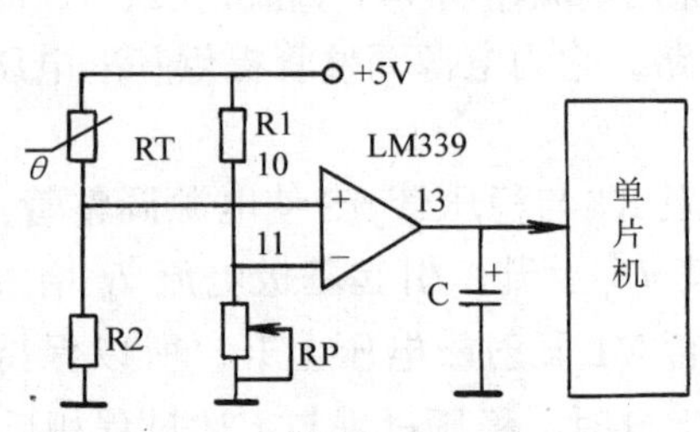

图 7-19 温度控制电路（三）

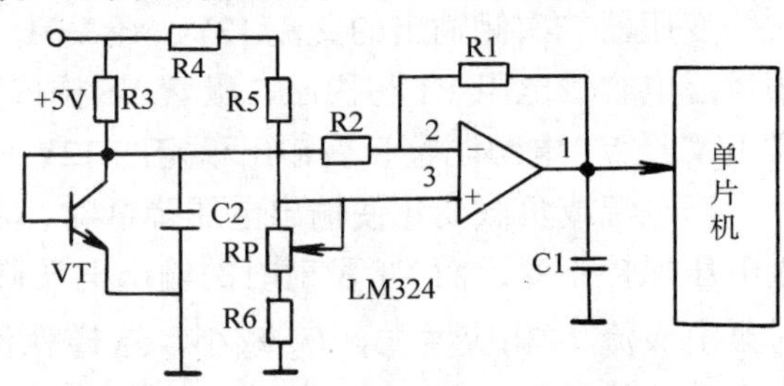

图 7-20 温度控制电路（四）

（3）开关输入电路 开关输入电路是通过用按钮开关实现空调器功能控制的电路，它将开关信号转换成单片机所能接收的数字信号，即 1 或 0。其电路主要有如图 7-21 ~ 图 7-23 所示的三种。

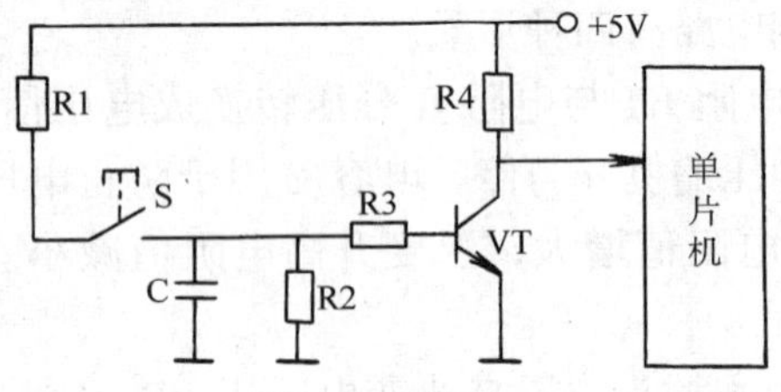

图 7-21 开关输入电路（一）

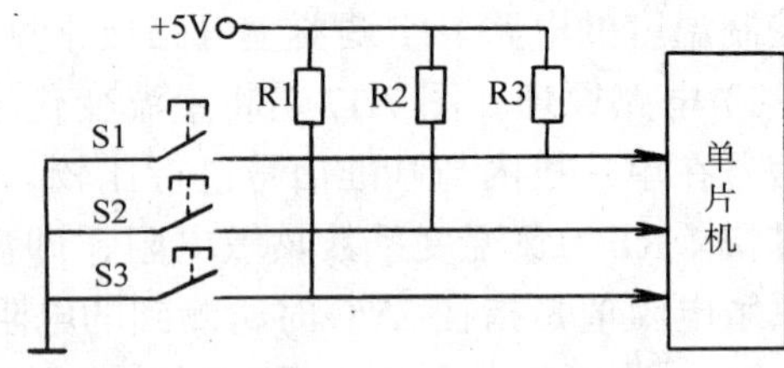

图 7-22 开关输入电路（二）

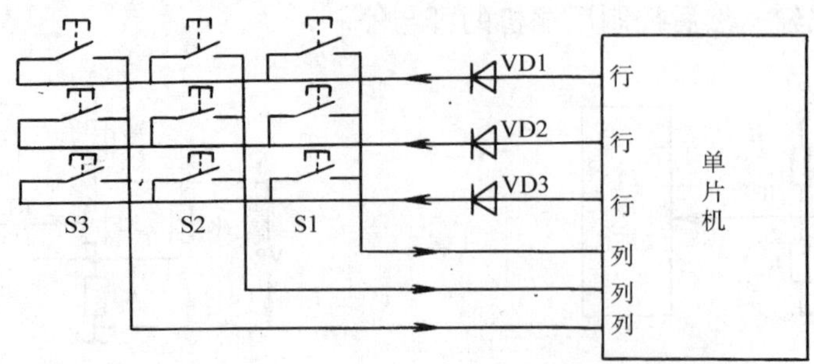

图 7-23 开关输入电路（三）

1）电路原理。如图 7-21 所示，当开关 S 断开时三极管 VT 处于截止状态，其集电极为高电平 1。当开关 S 闭合后，5V 通过 R1、R2 分压送入三极管基极，此时三极管 VT 正偏导通，其集电极由高电平 1 变为低电平 0。这样通过输入电路就将开关的闭合与断开转换成数字信号 0 或 1，并输入到单片机进行功能自动控制。

2）电路原理。如图 7-22 所示，当开关 S1、S2 断开时，由于 R1 ~ R3 上拉电阻的作用，单片机三个信号输入端均为高电平 1。当某开关闭合时，由于开关一端接电源"地"，所以此时单片机输入脚也相应为低电平 0。单片机经内部分析判断后，控制相应的输出电路工作。

3）电路原理。图 7-23 中，正常时触摸按钮为常开状态，此时单片机对整个键盘进行一次扫描看是否有键按下。如果有键按下，则进行逐行扫描，以判断按下的键哪一行在哪一列。扫哪一行时单片机就向该行输出信号，该电路中二极管 VD1 ~ VD3 用以防止输入信号对输出信号的干扰。

(4) 驱动电路　常见的驱动电路有四种形式，它们的原理基本相同。下面分别介绍这四种驱动电路的特点。

1）图 7-24 是最简单的驱动电路。电路中，R 为限流电阻，VT 为反相驱动三极管，K 为继电器线圈。当单片机输出高电平时，三极管 VT 导通，继电器线圈两端有 12V 电压，其触点吸合控制相应电器组件工作。当单片机输出低电平时，三极管 VT 截止，继电器线圈断电，其触点开路，使相应电器组件停止工作。

2）图 7-25 是反相器驱动集成电路。电路原理与简单驱动电路相同，即单片机输出高电平经 2003 反相驱动器输出低电平，使继电器线圈通电触点吸合，以控制相应电器组件动作。当单片机输出低电平时其原理与上述过程正好相反。

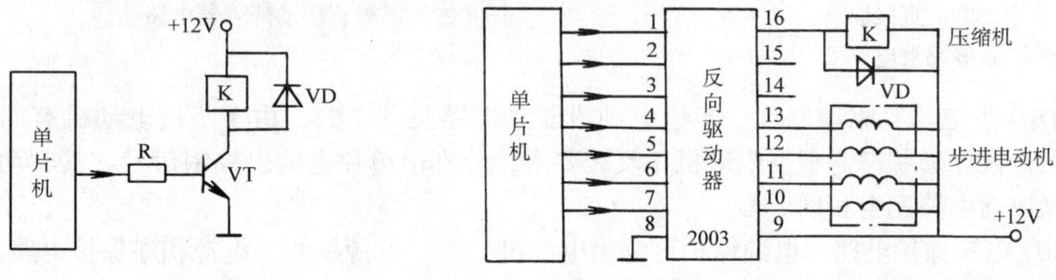

图 7-24　驱动电路　　　图 7-25　反相器驱动集成电路

3）图 7-26 是光电耦合器驱动电路。当单片机输出高电平时，经 R1 限流 2003 反相驱动器输出低电平，由于光电阻耦合器输入端加有 5V 电压，所以光电耦合器输出高电平，使三极管 VT2 导通，即继电器线圈两端加有 12V 电压，具体过程与图 6-45a 电路完全相同。

4）图 7-27 是光电耦合器双向晶闸管驱动电路。该光电耦合输入电路同图 6-45 原理完全相同。光耦合输出端通过 RA 限流 220V，RB 门极电阻用于提高抗干扰能力，RC 和 CP 主要用于保护双向可控硅不被击穿，MF 为风扇电动机，C 为风机运转电容。

当单片机输出控制信号时，光电耦合器 4 脚输出触发信号使双向晶闸管导通。由于晶闸管串联在风机电路中，所以通过改变双向晶闸管制热触发脚就可改变交流输出电压，从而达到改变风机转速的目的。双向晶闸管在交流过零时，单片机才输出控制信号使晶闸管导通，单片机输出触发信号由风机测速电路提供。

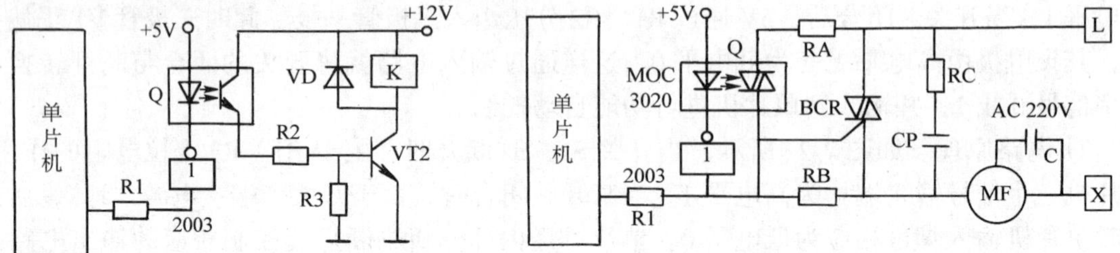

图 7-26 光电耦合器驱动电路　　　图 7-27 光电耦合器双向晶闸管驱动电路

5）蜂鸣器驱动原理。蜂鸣器驱动电路和一般驱动电路完全相同，只是单片机输出的是脉冲信号，所以蜂鸣器才能发声，蜂鸣器有两脚和三脚之分，因此驱动电路也有所区别。

图 7-28 为直接驱动式蜂鸣器电路，即单片机输出 4MHz 脉冲信号使蜂鸣器发生断续蜂鸣声。也有的通过三极管驱动制热蜂鸣器电路。

图 7-29 为三极管驱动蜂鸣器电路，R1 为限流电阻，VT1 为驱动三极管，C 为滤波电路，HA 为三脚蜂鸣器，R4、R3 为负载电阻，R2 为发射极偏置电阻。

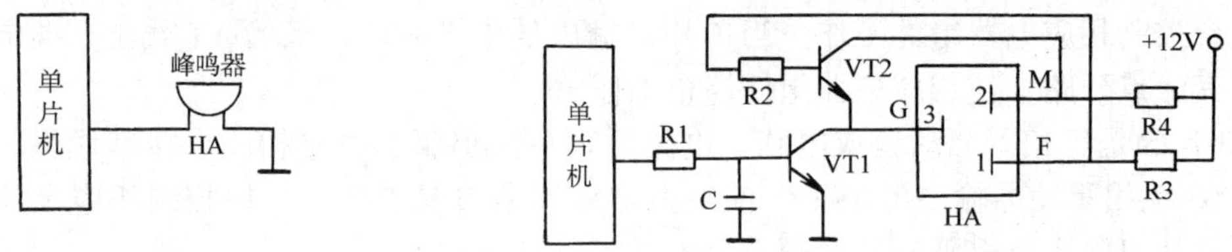

图 7-28 直接驱动式蜂鸣器电路　　　图 7-29 三极管驱动蜂鸣器电路

6）步进电动机驱动原理。步进电动机驱动电路见图 7-25。由于步进电动机有四个绕组，所以其导通状态需根据电动机正反转要求，分别由单片机输出控制信号。其驱动电路和普通驱动电路完全相同。

(5) 电源保护电路　电源保护可分为电源过欠压、电源缺相、电源相序保护电路。

1）电源过电欠压电路原理。如图 7-30 所示，电路中，T 为变压器，DB1 为全桥。其中 RP1，LM324 的 8、9、10 脚和外围组件组成欠压保护电路。其中 RP2，LM324 的 12、13、14 脚和外围组件组成过压保护电路。电阻 R5 ~ R8 为比较器提供基准电压，R1 ~ R4、R13、R14 为分压电阻，VD1、VD2 为耦合二极管。

电源电压正常时，RP1 输出电压使 LM324 的 9 脚电位大于 10 脚电位，其 8 脚输出低电平，单片机判断电源电压正常。当电源电压低于 190V 时，RP1 输出电压使 LM324 的 9 脚电位小于 10 脚电位，其 8 脚输出高电平，经 VD1、R13、R14 分压送入单片机进行欠压判断控制。

电源电压正常时，RP2 输出电压使 LM324 的 12 脚电位大于 13 脚电位，其 14 脚输出低电平，单片机判断电源电压正常。当电源电压高于 245V 时，RP2 输出电压使 LM324 的 12 脚电位小于 13 脚电位，其 14 脚输出高电平，经 VD2、R13、R14 分压送入单片机进行过压判断控制。

电源过电欠压保护电路常见故障：电源电压正常但过欠压指示或保护，电源电阻压过高或过低，但不进行过欠压保护。

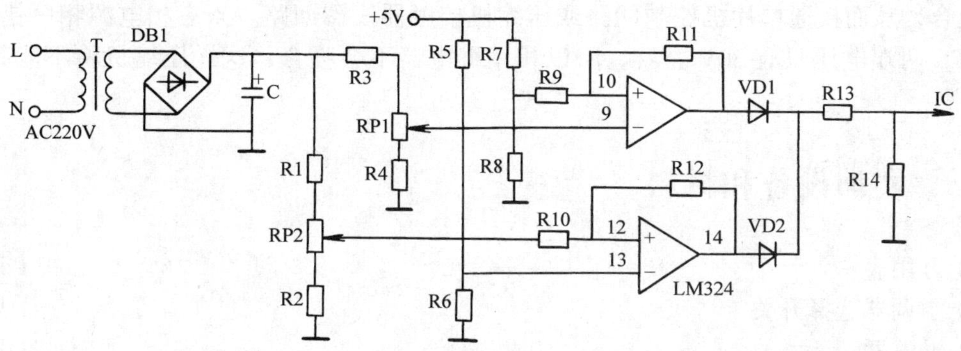

图 7-30 电源过电欠压电路

2）三相电源缺相保护电路原理。在三相柜式空调器中，压缩机线圈损坏的 70% 是由于缺相而造成的，所以压缩机缺相保护电路被广泛地应用于三相柜式空调器中，图 7-31 所示为电流互感式缺相保护电路。

该电路由两个相同的电流互感器组成，此电路将压缩机运转电流经电流互感器转换成交流电压，并经二极管整流为直流电压输入单片机比较判断，最终控制压缩机接触器吸合与释放。当压缩机缺相运行时，会造成不缺相的两相电流有很大增加，此时电流互感器次级输出交流电压相应增高，经二极管 VD 整流、电容 C 滤波后输出的直流电压也增高，该电压经单片机内部比较后，控制压缩机接触器线圈断电。压缩机运转电流过小的过程与上述控制结果相反。

当压缩机运转电流大于额定电流的 1.4 倍或小于额定电流的 0.3 倍时，单片机将判断为电源缺相，电路如图所示，其中：R1 为负载电阻，R2 为限流电阻，R3、R4 为分压电阻，VD 为整流二极管，C 为滤波电容，L 为电流互感器。

3）相序保护电路。三相柜式空调器常用涡旋式压缩机，由于涡旋式压缩机不准反转，所以增加了相序保护电路。相序保护电路如图 7-32 所示。

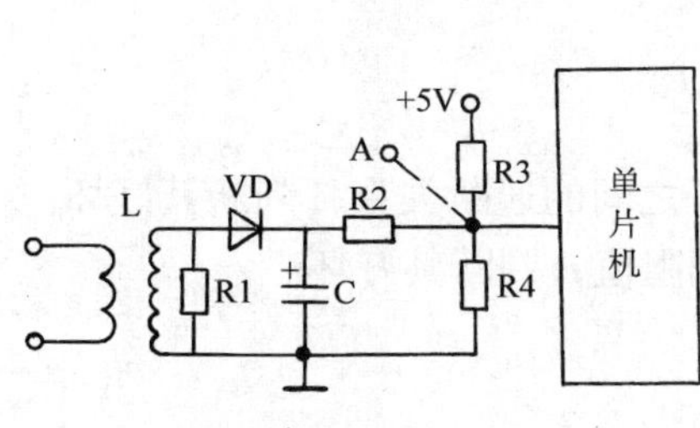

图 7-31 电流互感式缺相保护电路

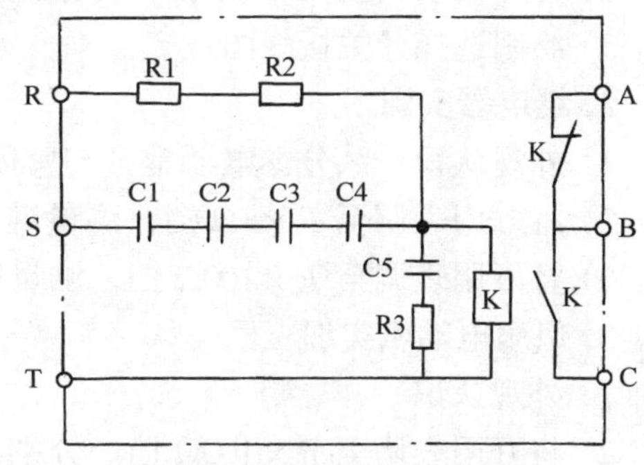

图 7-32 相序保护电路

图中 C1 ~ C5 为移相电容器，R1、R2 本身是一个电阻，由于没有 72kΩ 这一标准值，所以采用两个电阻串联而成。R、S、T 为三相交流电源，A、B、C 为相序继电器常闭与常开触点，根据电路设计的不同，可采用控制常开触点或常闭触点的方法保护压缩机。

当三相电源相序正确时，R3 与 C5 串联，其两端将产生 220V 电压，此电压使相序继电器吸合，从而接通单片机控制回路或压缩机接触器线圈回路。当三相电源相序错误时，R3 与 C5 两端电压只有 30V 左右，所以相序继电器不会吸合，这样压缩机将不能起动运行。

三、实训设备和材料

1）万用表	1只
2）空调器选择开关	1只
3）继电器	1只
4）风扇电动机	1只
5）变压器	1只
6）电容	1只
7）空调器电子元件	若干
8）空调器电路板	1套
9）窗式空调器	1台
10）分体壁挂式空调器	1台
11）柜式空调器	1台
12）常用电工工具	1套

四、实训步骤

1. 空调器的选择开关实训

(1) 操作步骤

1）外观认识。

2）将万用表调至 $R\times1\Omega$ 挡，分别测量各端子之间的通断关系。

3）绘制选择开关接线图。

2. 继电器实训

1）外观认识，区分继电器常开与常闭触点。

2）将万用表调至 $R\times1\Omega$ 挡，测量继电器各端子之间的通断关系，判断其好坏。

3）将万用表调至 $R\times100\Omega$ 挡，测量继电器线圈阻值，判断其好坏。

3. 风扇电动机实训

1）外观认识

2）将万用表调至 $R\times100\Omega$ 挡。分别测量电动机各端子之间阻值。区分风扇电动机主绕组和副绕组。

3）绘制风扇电动机接线图。

4. 变压器实训

1）外观认识，区分变压器一次侧与二次侧。

2）将万用表调至 $R\times1\Omega$ 挡。测量变压器各级线圈阻值，判断其好坏。

3）绘制变压器接线图。

5. 空调器电子元器件实训

（1）普通电阻检测操作步骤

1）外观认识。

2）按色环辨认电阻值。

3）外观上判断。观察表面涂层是否变色且有无损伤，通电后发热是否严重。如电阻烧坏往往表面发黑或变色。

4）用万用表的相应电阻挡测量电阻值。若阻值在误差范围内，说明其正常；若检查时电阻值误差大，说明电阻损坏。测量时可通过变换万用表挡位进行精确测量。

（2）排电阻检测操作步骤

1）外观认识。

2）辨认公共端，公共端为最旁边引脚。

3）测量时将黑表笔固定接触在公共端引脚，然后测量其他各引脚的电阻值。

（3）热敏电阻的检测操作步骤　空调器常用的热敏电阻值是 5Ω、10Ω、15Ω、20Ω、25Ω、65kΩ 等几种，其电阻值是指环境温度在 25℃ 时所测量的结果。

1）将万用表调至 $R\times10\text{k}\Omega$ 挡，常温下测量热敏电阻的阻值。

2）用 40℃ 热水给热敏电阻加热，观察电阻值的变化规律是否正常，这样很容易判断出热敏电阻的好坏。

（4）电容器的检测操作步骤　电容器常见故障为开路、短路、漏电。其故障用万用表能很容易检查出来，至于电容量小或轻微漏电用万用表直接测量比较困难。除电解电容外一般电容器阻值都很大，在十几兆欧以上。如果小于 1MΩ，则表示电容漏电。

1）外观认识。

2）电容好坏判断。将万用表调至 $R\times100\text{k}\Omega$ 挡。用表笔接触电容两脚，若表针跳动一下，然后又慢慢退回到电阻值为无穷大方向，表示该电容器正常；如果表针跳动范围小，则表示电容量小；如果表针跳动之后退回停在某处阻值上不动，则表示该电容漏电。对于小容量电容可用同型号电容替换，以判断其好坏。

3）电解电容极性判断。电解电容正向充电，漏电流小；反向充电，漏电流大。根据此特点，可对极性不明的电容加以判断。将万用表调至 $R\times10\Omega$ 挡或 $R\times100\Omega$ 挡，两表笔分别接触电容两极，表针向右摆又逐渐退回左方某处不动，记下表针所指刻度，然后对调表笔再测一次，将两次数据进行比较，电阻小的一次黑表笔所接为电容正极。对大功率电容器，测量时用万用表高阻挡，用低阻挡测量时电阻呈现无穷大。

（5）二极管检测操作步骤　用万用表电阻挡测二极管正反向电阻，即可判断出二极管的好坏。目前空调器中使用的二极管几乎全是硅二极管。

1）外观认识。

2) 将万用表调至 $R\times100\Omega$ 或 $R\times1\text{k}\Omega$ 挡。

3) 反向测量时，红表笔接二极管正极，黑表笔接二极管负极，此时二极管表针不动或略动一点，说明二极管正常。

4) 正向测量时，二极管正向电阻一般在几百欧至几千欧，这与万用表的内阻有关。若正反向电阻均为 0 或很小，说明二极管短路；若正向与反向电阻为无穷大，说明二极管开路；若正反向电阻相差不多，则管子失效。

(6) 稳压二极管检测操作步骤　检测稳压二极管与普通二极管相同，可以利用稳压二极管的单相导电性，初步判断稳压二极管好坏。

1) 外观认识。

2) 将万用表调至 $R\times100\Omega$ 挡或 $R\times1\text{k}\Omega$ 挡，分别测出正向电阻和反向电阻。若正向电阻小，反向电阻大，说明稳压二极管基本正常；若正反向电阻均很大或很小，则说明稳压管已损坏。

3) 以上检查只是粗略判断，不能准确测定稳压二极管的稳压性能，必要时可在电路板通电情况下开机测量。

(7) 发光二极管检测操作步骤　发光二极管导通电压一般在 1.5 ~ 1.8V，视不同光色而定。

1) 外观认识。

2) 将万用表调至 $R\times1\text{k}\Omega$ 或 $R\times10\text{k}\Omega$ 挡，红表笔接发光二极管正极，黑表笔接发光二极管负极。

3) 正常时二极管亮，如发光二极管不亮或电阻为无穷大，说明发光二极管损坏。

(8) 石英晶振器检测操作步骤

1) 外观认识。

2) 将万用表调至 $R\times1\text{k}\Omega$ 或 $R\times10\text{k}\Omega$ 挡，测量其电阻值。正常时电阻为无穷大。如测量短路说明晶振损坏。

3) 在空调器主板通电时，将万用表调至 $R\times6\text{V}$ 挡，用万用表测量晶振输入脚，应有 2 ~ 3V 的直流电压，若无此电压，说明晶振损坏。

(9) 光电耦合器检测操作步骤

1) 外观认识。

2) 用万用表查找光电耦合器输入端，并确定二极管正负极。

3) 将输入端接 NPN 插孔，正极接 C 孔，负极接 E 孔，由此提供给二极管工作电流。

4) 用万用表 $R\times1\Omega$ 挡测试输出特性。黑表笔接光敏三极管 c 极，红表笔接 e 极，万用表内 1.5V 电池作光敏三极管电源。三极管导通时，c—e 间电阻值的变化，实际上是光电流的变化，通过表针的偏转来反映光电转换效率，偏转角度越大说明管子效率越高。

(10) 三端稳压管检测操作步骤

1) 通电时测三端稳压块的直流输出电压是否与标称值相同，如输出电压过高或过低，说明三端稳压块损坏。(即输入电压、滤波电容、负载电阻正常)。

2) 将万用表调至 $R\times1\text{k}\Omega$ 挡，测量 7800 系列各管脚之间电阻值，正常测量结果如表 7-1 所示。

表 7-1 测量三端稳压集成块 7800 系列的电阻值

黑表笔位置	红表笔位置	正常电阻值/kΩ	不正常电阻值
U1 输入端	GND	15~45	0 或∝
U0 输出端	GND	4~12	0 或∝
GND	U1 输入端	4~6	0 或∝
GND	U0 输出端	4~7	0 或∝
U1 输出端	U0 输出端	30~50	0 或∝
U0 输入端	U1 输入端	4.5~5.0	0 或∝

6. 基本电路实训

(1) 直流稳压电路检测操作步骤

1) 电路认识。

2) 测量三端稳压 7805 有无 5V 输出，如有说明该稳压电路正常，如无说明稳压电路或电源电路有故障。

3) 检查 AC220V 电源，熔断器 FU 是否正常。

4) 测量变压器二次侧有无 13V，如有说明变压器 T 之前电路正常，如无说明变压器 T 损坏。一般在变压器 T 一次侧中串有温度熔断器，当电源过压或过载时，熔丝就熔断，检修时将变压器 T 一次侧绝缘层拆开，把温度熔断器短接即可。

5) 测量电容 C2 两端有无 14V，如有说明 VD1~VD4 正常，如无说明其损坏。

6) 测电容 C5 两端有无 12V，如有说明 VT1 之前电路正常，如无说明 VT1、R1、VS 组件有损坏或变质。

7) 测电容 C6 两端有无 5V，如有说明稳压电路正常，如无说明三端稳压 7805 或电容 C6 损坏。如 +5V 过高或过低，多为 7805 或滤波电容已损坏。

(2) 温控电路检测操作步骤

1) 电路认识。

2) 检测温控电路时，一般先测量热敏电阻 RT 电阻值，空调器常用制热热敏电阻值有 5kΩ、10kΩ、15kΩ、20kΩ、60kΩ 等。温度检测电路常见故障多为插件接触不良、热敏电阻短路或开路及电阻值漂移。

3) 在图 7-17 温控电路中，电容 C 漏电会造成压缩机不起动或开停频繁等故障，测量 *A* 点电压可判断温控电路是否正常。

4) 在图 7-19 温控电路中，先测量 LM339 的 10、11、13 脚电位高低，判断温控电路是否正常。制冷时热敏电阻 RT 开路会造成压缩机不起动，RT 短路会造成压缩机不停机。制热时热敏电阻 RT 开路会造成压缩机不停机，RT 短路会造成压缩机不起动。

① 室内环温热敏电阻损坏会造成压缩机不起动或不停机。

② 室内管温热敏电阻损坏会造成室内外机不转或自动保护。

③ 室内出风口热敏电阻损坏会造成不融霜或融霜频繁。

④ 室外环温热敏电阻损坏会造成压缩机自动保护或室外风机不转。

⑤ 室外管温热敏电阻损坏会造成制热时周期性融霜或不融霜故障。

⑥ 室外高压管温热敏电阻损坏会造成压缩机保护或旁通阀不工作。

(3) 开关输入电路检测操作步骤

1) 电路认识。

2) 测量单片机输入端的电位高低，判断开关电路是否正常。

3) 其主要损坏组件多为触摸按键接触不良，三极管 VT 损坏，以及印制电路板过脏或插件接触不良。

(4) 驱动电路的检测操作步骤

1) 电路认识。

2) 检测光耦合器驱动电路时，可通过测量光耦合器输出端有无高电平或脉冲信号来判断它是否正常。如有高电平或脉冲信号输出，说明光耦合器正常；如无高电平或脉冲信号输出，说明光耦合器损坏。光耦合器输入端的判断和上述电路相同。

3) 检测双向晶闸管时，可测量双向晶闸管 T1、T2 两极之间的交流电压来判断是否导通。双向晶闸管导通时，两端交流电压很低；不导通时，两端为电源电压。

(5) 过电欠压电路检测操作步骤

1) 电路认识。

2) 在图 7-30 电源过电欠压电路中，测量 DB1 输出端有无直流电压，有电压说明 DB1 之前电路正常，无电压说明 DB1 或 B 某个组件损坏。

3) 测量 LM324 管脚电压，判断过欠压电路电阻是否正常。当电源电压正常时，如测量欠压电路 LM324 的 8 脚为低电平，说明欠压电路正常；如测量为高电平，说明欠压电路有故障。检修时可通过调整电位器 RP1 使其输出脚 8 为低电平，如故障消除，说明欠压电路正常，该电路多为 RP1 接触不良造成欠压保护。当电源电压正常时，测压电路 LM324 的 14 脚为低电平，说明过压电路正常；如测量为高电平，说明过压电路有故障，检修时可通过调整电位器 RP2 使其 14 脚输出低电平，此时故障消除，说明过压电路正常。检修三相柜式空调器过欠压保护时，如在三相电源电压中，有两相电压较低而有一相电压较高，可将此电源线进行对调，从而使空调器正常运转。

(6) 缺相保护电路检修操作步骤

1) 电路认识。

2) 检修缺相保护电路之前，先测三相电源与接触器输出电阻压是否正常，如正常说明故障出在缺相保护电路，如不正常说明故障在电源部分。也可用钳形电流表测压缩机三相运转电源，来判断电源是否缺相。

3) 当确定故障在缺相保护电路后，开机后用万用表测互感器 L 次级有无交流电压，如有说明互感器 L 正常。

4) 然后测 *A* 点有无直流电压，有电压说明二极管 VD 和电容 C 正常。如测互感 L 次级无交流电压输出，说明缺相电路有故障，该电路故障多为烧坏电容 C 漏电或开路造成输出电流电压过低，从而缺相保护。

检修时可通过测量光耦合器输出端直流电压，来判断该电路正常与否。如光电耦合器输出端为低电平，说明该电路正常；如光电耦合器输出端为高电平，说明光电耦合器 Q 或 L1 与 L2 损坏所致。

(7) 相序保护电路原理与检修操作步骤

1）电路认识。

2）检查电源相序是否正确，如相序错误可调整三相电源线来排除故障。如调换电源线一次不行，可再调换第二次，如相序继电器吸合，说明电源相序正确。

3）如调换电源线后相序继电器不吸合，多为相序电路板损坏、三相电源严重不平衡或缺相造成。

4）相序电路板故障多为移相电容或相序继电器线圈损坏，由于该电路板组件较少可通过更换组件来进行检修。

5）对于图 7-32 电路可通过检测三极管 VT1 集电极电压来进行判断，即通电后测量一次集电极电压，然后断开电源线 R 再测一次。如两次测量集电极电压有明显变化，说明该电路正常，否则相反。

五、实训记录

实训记录见表 7-2。

表 7-2 实训记录

项目名称	检测方法	检测结果	项目名称	检测方法	检测结果
选择开关			光电耦合器		
风扇电动机			三端稳压管		
继电器			直流稳压电路		
变压器			温控电路		
电容			开关电路		
电阻			驱动电路		
稳压二极管			过欠压电路		
发光二极管			缺相保护电路		
石英晶振器			相序保护电路		

六、考核标准

考核标准见表 7-3。

表 7-3 考核标准

<table>
<tr><th colspan="2">项 目</th><th>技术要求</th><th>分值</th><th>得分</th></tr>
<tr><td rowspan="6">电器元件认识和检测</td><td>选择开关</td><td rowspan="6">1）正确区分电器元件的规格型号
2）了解电器元件的功能
3）熟练使用万用表检测电器元件
4）熟练绘制电器元件原理图</td><td rowspan="6">30</td><td rowspan="6"></td></tr>
<tr><td>风扇电动机</td></tr>
<tr><td>继电器</td></tr>
<tr><td>变压器</td></tr>
<tr><td>电容</td></tr>
<tr><td>电阻</td></tr>
</table>

（续）

<table>
<tr><th colspan="2">项 目</th><th>技术要求</th><th>分值</th><th>得分</th></tr>
<tr><td rowspan="5">电器元件认识和检测</td><td>稳压二极管</td><td rowspan="5">1）正确区分电器元件的规格型号
2）了解电器元件的功能
3）熟练使用万用表检测电器元件
4）熟练绘制电器元件原理图</td><td rowspan="5">30</td><td rowspan="5"></td></tr>
<tr><td>发光二极管</td></tr>
<tr><td>石英晶振器</td></tr>
<tr><td>光电耦合器</td></tr>
<tr><td>三端稳压管</td></tr>
<tr><td rowspan="7">基本电路分析及故障检测</td><td>直流稳压电路</td><td rowspan="7">1）理解基本电路的工作原理
2）熟练绘制基本电路图
3）了解基本电路的常见故障
4）熟练使用万用表检测基本电路</td><td rowspan="7">55</td><td rowspan="7"></td></tr>
<tr><td>温控电路</td></tr>
<tr><td>开关电路</td></tr>
<tr><td>驱动电路</td></tr>
<tr><td>过欠压电路</td></tr>
<tr><td>缺相保护电路</td></tr>
<tr><td>相序保护电路</td></tr>
<tr><td colspan="2">实训报告</td><td></td><td>15</td><td></td></tr>
<tr><td colspan="2">合计</td><td></td><td>100</td><td></td></tr>
</table>

实训八

空调器维修

8

一、 实训目的
二、 相关理论和技能
三、 实训设备和材料
四、 实训步骤
五、 实训记录
六、 考核标准

一、实训目的

1）学习空调器电路分析方法，提高识图能力。

2）了解空调器常见故障现象，分析故障原因，提高故障判断能力。

3）通过维修实例，掌握空调器电器系统维修方法。

4）通过维修实例，掌握空调器制冷系统维修方法。

5）能够独立进行空调器的维修和保养。

二、相关理论和技能

1. 热泵型窗式空调器电路分析

热泵型窗式空调器电路如图 8-1 所示。

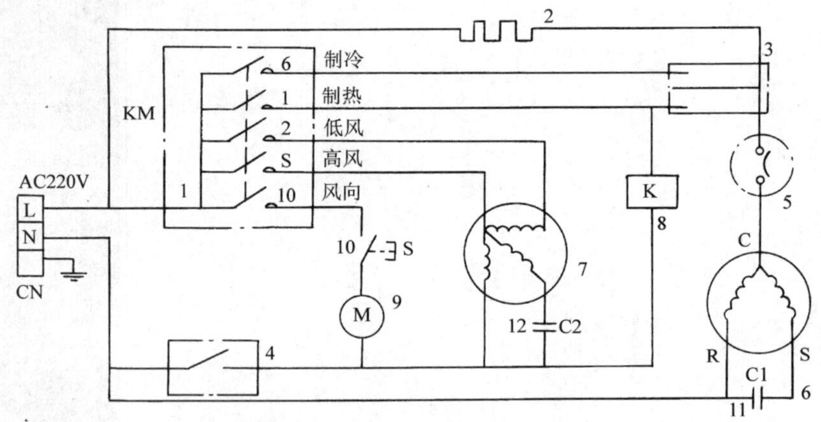

图 8-1 热泵型窗式空调器电路

1—主控开关 2—曲轴箱加热器 3—温控器 4—融霜温控器 5—过载保护器 6—压缩机 7—风扇电动机 8—换向阀线圈 9—导风电动机 10—导风开关 11—压缩机电容 12—风机电容

（1）制冷过程电路分析 当主控开关置于关机位置时，所有触点断开，但此时压缩机曲轴箱加热器、过载保护器、压缩机运转线圈、电源形成回路。由于压缩机运转线圈电阻很小，所以曲轴箱加热器基本上按额定功率发热。

1）当主控开关处于通风挡时，其开关 1—8 或 1—2 触点接通，空调器风扇电动机按高速或低速通风运行。

2）当主控开关置于弱冷挡时，其 1—6、1—2 触点闭合，风机低速运转。如室内温度高于设定温度，温控器 1—3 触点闭合，压缩机运转，空调器弱冷运行。此时曲轴箱加热器被主控开关的 1—6 与温控器 1—3 短接，所以曲轴箱加热器停止加热。当室温降至设定温度以下时，温控器触点 1—2 接通、1—3 断开，压缩机停止运行。（主控开关处于非停机位置，其 3—10 触点闭合，导风电动机开关闭合，导风电动机运转。）

3）当主控开关处于强冷挡时，其 1—6、1—8 触点闭合，风机高速运转。压缩机同弱冷运行时相同。

(2) 制热过程电路分析

1) 当主控开关置于弱热挡时，其 1—4、1—2、3—10 触点闭合，风机低速运行，四通换向阀线圈通电，系统制热循环。如此时室内温度低于设定温度，温控器的 1—2 触点闭合，压缩机运转，空调器制热运行。当室内温度高于设定温度时，温控器的 1—2 触点断开，使压缩机停止运转。

2) 当主控开关置于强热挡时，其 1—4、1—8、3—10 触点闭合，风机高速运转，空调器强热运行。

(3) 融霜过程电路分析　当室外管温低于融霜温控器设定温度时，其触点断开，使电扇电动机、四通换向阀线圈、导风电动机回路断开，空调器由制热变为制冷运行，从而除掉散热器霜，当室外散热器温度高于融霜温控的设定温度时，其触点闭合，即接通风扇电动机、换向阀线圈、导风电动机回路，空调器又恢复制热运行（制冷时室外温度较高，所以融霜温控的触点一直处于闭合状态）。

2. 分体空调器电路分析

分体空调器（春兰 KFR-32）主电路如图 8-2 所示。其电路主要由电源电路、保护电路、复位电路、驱动电路等组成。

(1) 电源电路　该电源变压器为两组输出，一组输出交流 9V，经桥式整流、三端稳压 7806 输出 5V，给主芯片提供直流电源；另一组输出交流 13.5V，经桥式整流、三端稳压 7812 输出 12V，给继电器提供直流电源。C1 ~ C10 为滤波电容、VD12 ~ VD19 为整流二极管。

(2) 显示电路　电源接通时绿色灯亮，接收到遥控信号时红色指示灯闪烁，主芯片 10 脚正常时为高电位，收到遥控信号时为低电位。融霜时黄色灯亮，此灯由主芯片 11 脚驱动，正常时为高电位，融霜时为低电位。

(3) 复位电路　该电路由 LM324 及其外围电路组成，主芯片 13 脚正常工作时为高电平，低电平时复位。主芯片 63 脚正常时输出方波信号，LM324 的 13 脚为低电平，使主芯片整机复位。

(4) 振荡电路　该电路由电容 C14、C15 和 4.19M 晶振组成，与主芯片 14 脚和 15 脚相接，为主芯片 IC1 提供时钟信号。

(5) 融霜电路　该电路通过热敏电阻 TR1 与电阻 R20 分压，将室外温度信号转换为电压信号，通过电阻 R63 限流送入主芯片进行温度自动控制。当室外温度低于 -8°C，同时压缩机必须连续运转 45min，融霜开始；当室外温度高于 8°C 或融霜超过 10min，融霜结束。

(6) 温度控制电路　该电路的室内热敏电阻 TR2 与电阻 R19 分压，将室内温度信号转换为电压信号，送入主芯片 26 脚进行温度自动控制。

(7) 红外接收电路　该电路通过 REC 接收器将遥控器信号放大后，送入主芯片 35 脚进行功能控制。

(8) 开关控制电路　SW1 为强制运行（调试）开关，SW2 正常时处于遥控状态，否则为自动运行状态。此电路可分别对主芯片 45、46、47 脚进行控制。

(9)保护电路　第一种保护电路：利用压敏电阻值随电压升高而降低的特点对电路进

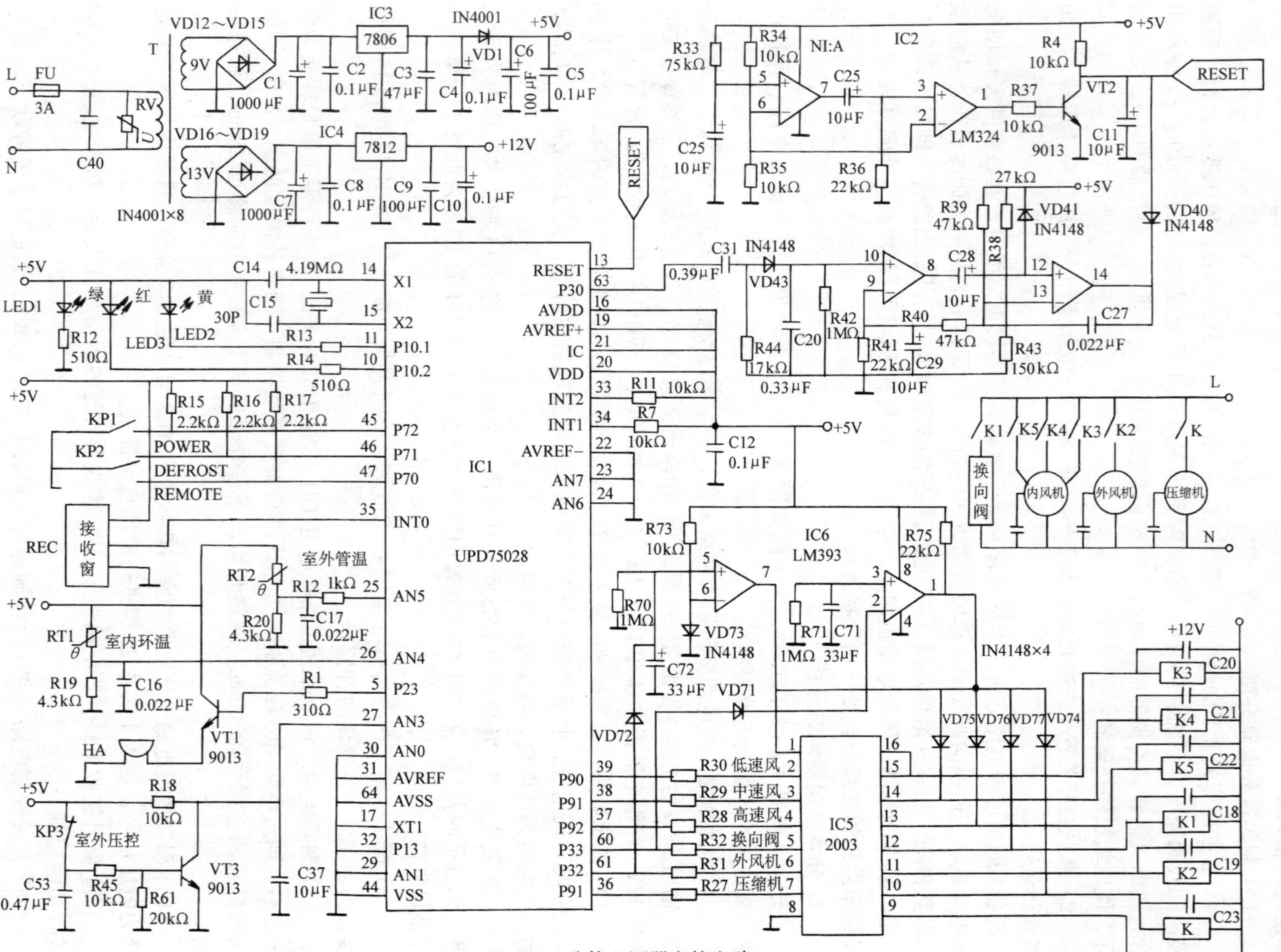

图 8-2 分体空调器主控电路

行保护，电源电压过高时压敏电阻值变小，流过熔断器 FU1 的电流增大，从而熔断器被熔断，达到保护电路板不被烧坏。第二种保护电路：系统过压力保护电路，正常时 KP 触点闭合，三极管 VT3 导通，主芯片 27 脚为低电位。当系统压力过高时 KP 触点断开，三极管 VT3 截止，主芯片 27 脚为高电位，系统被保护，即主芯片不输出信号，达到保护压缩机的目的。

（10）蜂鸣器驱动电路　由主芯片 5 脚直接驱动，开机时或接受到有效遥控指令时，输出 2048Hz 方波信号，持续 0.5s 驱动蜂鸣器，以示接收到遥控信号。

（11）压缩机、风机、换向阀驱动电路　主芯片 36 脚驱动压缩机，37 脚驱动室内风机高速，38 脚驱动室内中速风，39 脚驱动室内低速风，60 脚驱动四通换向阀，61 脚驱动外向风。主芯片输出低电平信号时相应被控组件动作，主芯片输出高电平时，相应被控组件不动作。

（12）反相驱动电路　主芯片输出信号经反相驱动器 2003 反相驱动，该反相驱动器有 7 个输入端和 7 个输出端，输入与输出端相互对应，高电平输入则低电平输出。如主芯片输出是低电平，则经过反相驱动变成高电平，该支路不工作，R27 ~ R32 为限流电阻。

3．空调器故障

空调器故障现象多种多样，造成故障的原因及排除方法也不一样。表 8-1、表 8-2 分别为窗式空调器和分体挂壁式空调器常见故障分析速查表。

表 8-1　窗式空调器故障分析表

故障现象	故障原因	检查
空调器不运转	(1) 无电源电压 (2) 定时器开关断路 (3) 主控开关触点开路	(1) 测量电源电压 (2) 检查定时器触点 (3) 测量空调器线路以及主控开关
压缩机运转但风机不转	(1) 主控开关故障 (2) 风机与风机电容器故障 (3) 风机线路故障	(1) 检查主控开关 (2) 检查风机线圈与电容器 (3) 检查风机线路有无断路处
风机能运转，但压缩机却不转	(1) 压缩机故障 (2) 压缩机电容器故障 (3) 温度控制器故障 (4) 压缩机过载保护器故障 (5) 融霜定时器故障 (6) 压力继电器故障	(1) 检查压缩机电动机绕组 (2) 检查压缩机电容器是否损坏 (3) 检查温度控制器 (4) 检查热保护器 (5) 检查融霜定时器 (6) 检查压力控制器
压缩机嗡嗡响，但却不运转	(1) 电源电压偏低 (2) 压缩机运转电容器坏 (3) 压缩机故障 (4) 接线端子松动或接触不良 (5) 制冷剂过多或系统堵塞	(1) 检查电源电压 (2) 检查电容器 (3) 检查压缩机电动机线圈 (4) 检查接线端子以及线路 (5) 检查制冷系统

（续）

故 障 现 象	故 障 原 因	检 查
风机与压缩机运转，但却不制热	(1) 四通阀机械卡死 (2) 融霜温度控制器故障 (3) 四通阀线圈及控制线路故障 (4) 接触器线圈以及触点损坏 (5) 温度保护器与温度熔断器以及电加热器故障 (6) 缺制冷剂	(1) 检查四通换向阀 (2) 检查融霜温控器 (3) 检查换向阀线圈供电电路 (4) 检查交流接触器 (5) 检查温度保护器与温度熔断器以及电加热器正常与否 (6) 检查制冷剂
风机运转但压缩机运转一段时间后自动停机	(1) 压力继电器与系统故障 (2) 压缩机或四通阀故障 (3) 外机脏或热保护故障 (4) 电源负载电压过低 (5) 缺制冷剂	(1) 检查压力继电器及制冷系统 (2) 检查压缩机或四通换向阀 (3) 检查室外机与热保护器 (4) 检查电源电压 (5) 检查制冷剂
空调器能制热，但却不能自动进行融霜	(1) 融霜温控器故障 (2) 融霜定时器故障 (3) 融霜温控器感温包与室外散热器管路接触不好 (4) 融霜温控器感温包位置不对	(1) 检查融霜温控器 (2) 检查定时器是否正常 (3) 检查散热器与融霜感温包是否接触良好 (4) 检查融霜温控器感温包位置是否正确
压缩机风机运转，导风电动机停	(1) 导风电动机与导风开关坏 (2) 主控开关触点接触不良	(1) 检查导风电动机与导风开关 (2) 检查主开关
制冷与制热正常但却不停机	(1) 温控器故障 (2) 室内温度过高或过低	(1) 检查温控器 (2) 测量室内散热是否过快
电热空调器风机运转，但不制热	(1) 温控器与接触器故障 (2) 温度熔断器与加热器故障	(1) 检查温控器与接触器是否正常 (2) 检查温度熔断器与电加热器
空调器漏电	(1) 压缩机或风机绝缘击穿 (2) 电源零线断 (3) 电源线碰壳	(1) 检查电器元件绝缘电阻 (2) 检查电源线路
空调器制冷与制热正常但出风量过小	(1) 风机线圈与机械故障 (2) 风机电容器损坏 (3) 空调器散热器与过滤网堵塞	(1) 检查风扇电动机是否正常 (2) 检查电容器 (3) 检查过滤网与散热器
空调器开机即熔断电源熔丝	(1) 压缩机与风机线圈短路 (2) 空调器线路接错或内部短路	(1) 检查压缩机与风扇电动机线圈 (2) 检查空调器内部接线
空调器运转，制冷或制热效果不好	(1) 缺制冷剂 (2) 四通阀故障 (3) 换热器脏堵	(1) 检查空调器有无泄露 (2) 检查空调器四通阀 (3) 检查换热器

表 8-2　分体挂壁式空调器故障分析表

故障现象	故障原因	检查
电源无显示，室内外风扇电动机和压缩机不工作	(1) 无电源电压或电源变压器坏 (2) 室内主控板压敏电阻或熔断器烧坏 (3) 室内主控板部分电路故障 (4) 电源插头接触不良、连接线头松动、内部接线错误	(1) 检查电源 (2) 检查变压器电源 (3) 检查主控板压敏电阻或熔断器 (4) 检查主控板部分电路
电源显示正常，室内外风扇电动机运转，室外压缩机不工作	(1) 室内感温热敏电阻故障 (2) 室外高低压压力开关损坏或系统压力过高或过低 (3) 室内外控制信号线或压缩机线圈故障 (4) 室内或室外主控板部分电路故障 (5) 电源电压过低或室外电源线接触不良	(1) 检查室内感温热敏电阻 (2) 检查高低压压力开关 (3) 检查室内外控制信号线 (4) 检查压缩机 (5) 检查主控板部分电路
室内外风机运转正常，但压缩机不工作（或压缩机嗡嗡响，不运转）	(1) 室外压缩机线圈或运转电容损坏 (2) 室外主电路板压缩机驱动电路故障 (3) 室外压缩机接线端子处接触不良或引出线断 (4) 室内主控板过流检测电路或驱动电路故障 (5) 压缩机过载保护器损坏或压缩机自身机械故障 (6) 电源电压过低或室内外信号通信故障	(1) 检查压缩机 (2) 检查运转电容 (3) 检查主控板过流检测电路 (4) 检查驱动电路 (5) 检查电源电压 (6) 检查室内外通信信号
室内风机、室外压缩机运转正常，但室外风机不转	(1) 室外风机电动机或运转电容损坏 (2) 室内外信号线断路或接触不良 (3) 室内外主控板或管温热敏电阻故障 (4) 室外风机引线断或接线端子接触不良	(1) 检查室外风机电动机 (2) 检查室外风机电动机运转电容 (3) 检查室内主控板 (4) 检查管温热敏电阻
室内风扇电动机不工作，但压缩机和室外风扇电动机工作正常（制热状态）	(1) 室内风扇电动机损坏 (2) 室内风机电容损坏 (3) 室内主控板风机驱动电路故障 (4) 室内风机连接线断或接触不良 (5) 室内管温热敏电阻坏 (6) 制冷剂少	(1) 检查室内风扇电动机 (2) 检查室内风机电容 (3) 检查风机驱动电路 (4) 检查室内管温热敏电阻 (5) 检查制冷剂
电源显示灯亮，但空调器整机不工作	(1) 电源电压过高或过低 (2) 室内主控板部分电路有故障 (3) 室内风速检测元件损坏	(1) 检查电源电压 (2) 检查室内主控板电路 (3) 检查室内主控板部分电路

（续）

故障现象	故障原因	检查
室内外风机运转正常，但压缩机运转几分钟后自动停机	(1) 压力开关自动保护或自身坏 (2) 压缩机机械故障或线圈故障 (3) 热继电器保护或自身坏 (4) 主控板损坏、环温热敏电阻损坏或安放位置不对 (5) 电源电压过低或接触不良 (6) 制冷剂少	(1) 检查压力开关 (2) 检查压缩机 (3) 检查压缩机 (4) 检查主控板 (5) 检查环温热敏电阻 (6) 检查电源电压 (7) 检查制冷剂
空调器工作正常，室内导风电动机不转	(1) 室内导风电机坏 (2) 室内主控板驱动电路故障 (3) 室内导风电机机械卡死	(1) 检查导风电动机 (2) 检查主控板驱动电路
空调器插上电源即烧熔断器	(1) 空调器内部接线错误 (2) 空调器部分电器元件短路或绕组绝缘击穿	(1) 检查风机、压缩机 (2) 检查压敏电阻 (3) 检查空调器内部接线
空调器制冷正常，但达到设定的温度后空调器不停机	(1) 室内环温热敏电阻短路 (2) 主控板温度检测电路故障	(1) 检查空调器内部接线 (2) 检查温度检测电路
冬季制热时四通换向阀线圈上无电压或有电压，但换向阀线圈不吸合	(1) 室外主控电路板或四通换向阀线圈断路 (2) 室内外控制信号线断 (3) 主控板驱动电路或温度检测电路故障 (4) 室内环温热敏电阻短路 (5) 四通换向阀机械卡死	(1) 检查四通换向阀 (2) 检查控制信号线 (3) 检查驱动电路 (4) 检查温度检测 (5) 检查室内环温热敏电阻
制冷正常，但室内风扇电动机转速低	(1) 室内风扇电动机或运转电容损坏 (2) 室内风扇电动机引出线断或接触不良 (3) 室内管温热敏电阻损坏或室内温度过低 (4) 室内风机速度检测电路或主控板故障	(1) 检查风扇电动机 (2) 检查风扇电动机电容 (3) 检查室内管温热敏电阻 (4) 检查主控板电路 (5) 检查风机速度检测电路
插上电源或开机后，空调器漏电	(1) 空调器内部接线错误 (2) 空调器电器元件短路或击穿 (3) 空调器接地线自身带电或零线断路	(1) 检查空调器内部接线 (2) 检查空调器电器元件 (3) 检查空调器接地线和零线
空调器制热运行时室外机不自动融霜或融霜频繁	(1) 室内外管温热敏电阻故障 (2) 室内外信号线断路或接触不良 (3) 室内外主控电路板故障 (4) 制冷系统中制冷剂过多或过少	(1) 检查室内外管温热敏电阻 (2) 检查室内外信号线 (3) 检查室内外主控板电路 (4) 检查制冷剂

三、实训设备和材料

1）热泵型窗式空调器	1台
2）热泵型分体空调器	1台
3）万用表	1只
4）钳形电流表	1只
5）氧-乙炔焊接设备	1套
6）真空泵	1台
7）双表修理阀总成	1套
8）旋具	1套
9）扳手	1套
10）电工工具	1套
11）R22	1瓶
12）空调电器元器件	1批
13）1.5匹四通阀	1只
14）铜管	若干

四、实训步骤

1. 热泵型窗式空调器实训

(1) 故障现象　冬天不起动。

(2) 故障分析

1）接通电源，空调器不工作。

2）将万用表调至交流220V挡，测量压缩机不通电。

3）切断空调电源，将万用表调至 $R\times1\Omega$ 挡，测量选择开关的通断，无故障。

4）将万用表调至 $R\times1\Omega$ 挡，测量温控器开关的通断，无故障。

5）继续用万用表调至 $R\times1\Omega$ 挡，测量融霜温控器开关的通断，断路。

6）融霜温控器损坏。

(3) 故障排除

1）更换融霜温控器。

2）重新接通电源，空调器工作正常。故障排除。

2. 分体空调器（飞歌 KFR-45）实训

(1) 故障现象　空调器开机后制冷正常，1h后压缩机不工作，其他正常工作。

(2) 故障分析

1）断电后重新开机，压缩机仍然不工作。

2）检查室内温度传感器阻值，正常。

3）检查温控电路，正常。

4）检查驱动电路，正常。
5）检查压缩机线圈绕阻，正常。
6）强制开机后，检查制冷剂充注量，正常。
7）用钳形电流表测量运转电流，电流偏大。
8）用万用表 $R \times 100k\Omega$ 挡检测电容，正常，无明显故障。
9）为进一步确认是否压缩机故障，更换电容。
10）重新开机，用钳形电流表测量运转电流，电流正常。
11）运转电容故障。
(3) 故障排除。
1）更换电容。
2）重新开机，空调运转正常。故障消除。

3. 分体空调器（春兰 KFR-32）**实训**

(1) 故障现象　空调器不能开机。
(2) 故障分析
1）接通电源，打开空调器，空调刚起动即停止运转。电源显示存在。
2）测量电源，正常。
3）测量变压器，正常。
4）测量电源电路，5V、12V 正常。
5）检查驱动电路，正常。
6）检查温控电路，正常。
7）重新通电，打开空调器，同时测量 12V 电源。空调起动瞬间，12V 断电。
8）整流桥损坏。
(3) 故障排除
1）更换整流桥。
2）重新开机，空调器运转正常。故障消除。

4. 分体空调器（春兰 KFR-32）**更换四通阀实训**

(1) 故障现象　空调器不制热。
(2) 故障分析
1）接通电源，空调器工作。
2）用手摸空调器连接铜管，空调器在制冷循环下工作。
3）将万用表调至交流 220V 挡，测量四通阀线圈，通电。
4）四通阀故障，更换。
(3) 故障排除
1）切断空调器电源。
2）拆下外机连接管道及连接线。
3）放出系统中制冷剂。
4）除去顶板、壳体面板、壳体侧面板，如图 8-3 所示。
5）除去螺母和垫圈及固定风扇的夹紧装置，从电器接线盒上拆下电动机接头，除去

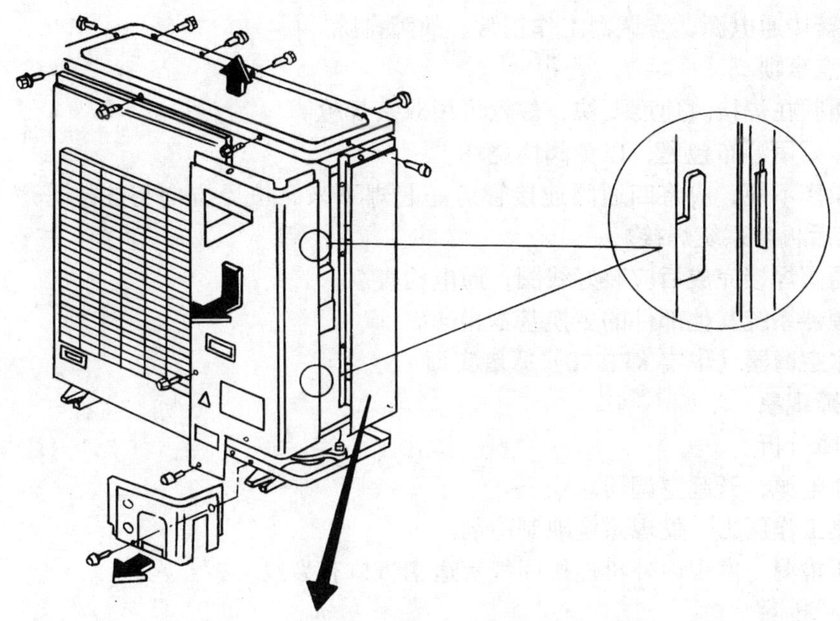

图 8-3　顶板、壳体面板、壳体侧面板拆卸

固定风扇电动机的 4 只六角螺栓，拆下风扇电动机和电动机基座，如图 8-4 所示。

6）除去温度开关及空气热敏电阻（或从电器接线盒上拆下接头而不除去）。拆下四通阀线圈。

7）从电器接线盒上拆下曲轴箱加热器接头，如图 8-5 所示。

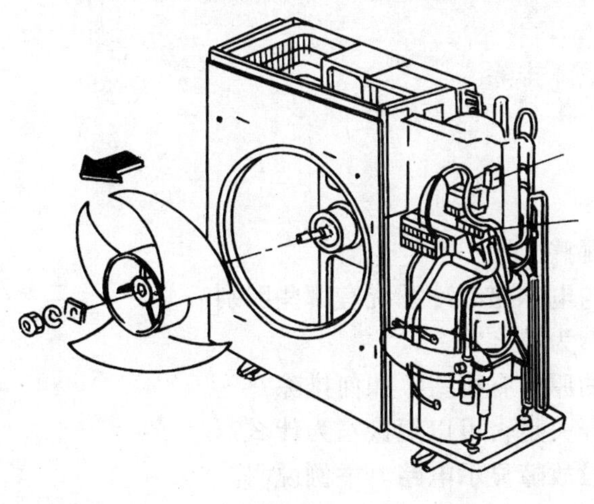

图 8-4　风扇电动机和电动机基座拆卸

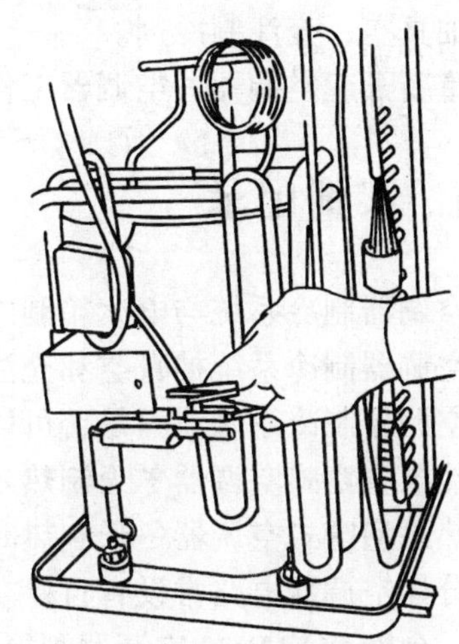

图 8-5　曲轴箱加热器拆卸

8）拆下电器接线盒。

9）用焊枪加热四通阀的钎焊部分，用钳子将管道与阀体分开。

10）将新四通阀按原位置安装至系统，用焊枪焊接好连接管道。

11）按拆卸相反顺序恢复系统。

12）抽真空、充注制冷剂。

13）重新接通电源，空调器工作正常。故障排除

（4）注意事项

1）四通阀在焊接时速度要快，焊枪可用双头焊枪。

2）阀体要用湿布包裹，以免阀体烧坏。

3）如操作不便，应将四通阀连接管道一起焊下来，按原方向将连接管道与新四通阀焊接好，然后再与系统焊接。

4）四通阀焊接完成后应装好线圈，通电检查。

5）空调器系统其他部件的更换基本相同。

5. 分体空调器（华宝 KFR-70）冰堵实训

（1）故障现象　空调不制冷。

（2）故障分析

1）接通电源，开起空调器。

2）检测工作压力，发现系统缺制冷剂。

3）加压检漏。发现内外机连接回气管道喇叭口有裂纹。

（3）故障排除

1）重新扩喇叭口，连接好管道。

2）抽真空，充注制冷剂。

3）重新开起空调器，初始空调器工作正常，30min 后空调不制冷。

4）检测工作压力，发现系统低压呈负压状态，室内分液头结霜，系统冰堵。

5）排放制冷剂，用氮气冲洗系统；在低压管道上加装干燥过滤器。

6）抽真空，充注制冷剂。

7）重新开起空调器，空调器工作正常。故障排除。

五、实训记录

1）空调器制冷系统与电冰箱制冷系统有哪些区别？

2）空调器制冷系统抽真空和充注制冷剂与电冰箱制冷系统有哪些区别？

3）空调器制冷系统泄漏是否可以用胶补？为什么？

4）热泵型窗式空调器冬天制热效果不好的原因有哪些？如何排除？

5）热泵型窗式空调器冬天制热时，融霜开关是否可以短接？为什么？

6）分体空调器电路常设有自检功能，并设故障显示电路。举例说明。

7）一台春兰 KFR-32 空调器制冷时压缩机不运转。请分析其故障原因。

8）填写实训记录表，见表 8-3。

表 8-3　实训记录

项目名称	检测结果	故障原因	排除方法
热泵型窗式空调器电路分析			

（续）

项目名称	检测结果	故障原因	排除方法
热泵型窗式空调器故障			
热泵型分体空调器电路分析			
热泵型分体空调器电路故障			
热泵型分体空调器系统故障			

六、考核标准

考核标准见表 8-4。

表 8-4 考核标准

项目名称		技术要求	分值	得分
电路故障分析和维修	热泵型窗式空调器	1）理解电路工作原理 2）熟练使用万用表检测电路及元件 3）故障判断要迅速、准确 4）分析故障原因 5）故障排除操作合理、熟练	60	
	热泵型分体空调器			
系统故障分析和维修	热泵型窗式空调器	1）熟悉制冷系统工作原理及正常状态下各参数 2）故障判断迅速、准确 3）分析故障原因 4）故障排除操作合理、熟练	40	
	热泵型分体空调器			
合计			100	

附　录

附录 A　R12 饱和温度与压力的对应表

饱和温度 /°C	绝对压力 /kPa	饱和温度 /°C	绝对压力 /kPa	饱和温度 /°C	绝对压力 /kPa
-40	65.44	-8	239.83	24	646.55
-39	68.57	-7	248.36	25	664.46
-38	71.82	-6	257.12	26	682.74
-37	75.19	-5	266.11	27	701.38
-36	78.68	-4	275.34	28	720.40
-35	82.30	-3	284.80	29	739.80
-34	86.05	-2	294.52	30	759.59
-33	89.93	-1	304.48	31	779.76
-32	93.94	0	314.69	32	800.32
-31	98.10	1	325.17	33	821.29
-30	102.39	2	335.90	34	842.66
-29	106.83	3	346.90	35	864.43
-28	111.42	4	358.16	36	886.62
-27	116.17	5	369.70	37	909.22
-26	121.07	6	381.52	38	932.25
-25	126.12	7	393.62	39	955.71
-24	131.34	8	406.00	40	979.60
-23	136.73	9	431.64	41	1003.9
-22	142.28	10	444.91	42	1028.7
-21	148.01	11	444.91	43	1053.9
-20	153.91	12	458.48	44	1079.6
-19	159.99	13	473.26	45	1105.7
-18	166.26	14	486.55	46	1123.7
-17	172.71	15	501.06	47	1159.3
-16	179.36	16	515.38	48	1186.9
-15	186.20	17	531.03	49	1214.9
-14	193.23	18	546.50	50	1243.4
-13	200.47	19	562.32	51	1272.3
-12	207.92	20	578.48	52	1301.8
-11	215.57	21	594.97	53	1331.8
-10	223.44	22	611.81	54	1362.3
-9	231.52	23	629.00	55	1393.2

附录 B　R134a 饱和温度与压力的对应表

饱和温度 /°C	绝对压力 /kPa	饱和温度 /°C	绝对压力 /kPa	饱和温度 /°C	绝对压力 /kPa
-40	51.641	-8	217.04	24	645.66
-39	54.382	-7	225.57	25	665.26
-38	57.239	-6	234.36	26	685.30
-37	60.217	-5	243.41	27	705.80
-36	63.318	-4	252.73	28	726.75
-35	66.547	-3	262.33	29	748.17
-34	69.907	-2	272.21	30	770.06
-33	73.403	-1	282.37	31	792.43
-32	77.037	0	292.82	32	815.28
-31	80.815	1	303.57	33	838.63
-30	84.739	2	314.62	34	862.47
-29	88.815	3	325.98	35	886.82
-28	93.045	4	337.65	36	911.68
-27	97.435	5	349.63	37	937.07
-26	101.99	6	361.95	38	962.98
-25	106.71	7	374.59	39	989.42
-24	111.60	8	387.56	40	1016.4
-23	116.67	9	400.88	41	1043.9
-22	121.92	10	414.55	42	1072.0
-21	127.36	11	428.57	43	1100.7
-20	132.99	12	442.94	44	1129.9
-19	138.81	13	457.68	45	1159.7
-18	144.83	14	472.80	46	1190.1
-17	151.05	15	488.29	47	1221.1
-16	157.48	16	504.16	48	1252.6
-15	164.13	17	520.42	49	1284.8
-14	170.99	18	537.08	50	1317.6
-13	178.08	19	554.14	51	1351.0
-12	185.40	20	571.60	52	1385.1
-11	192.95	21	589.48	53	1419.8
-10	200.73	22	607.78	54	1455.2
-9	208.76	23	626.50	55	1491.2

附录 C 感温头温度—阻值特性表

P-T CONVERSION TABLE

PART NO.150—502—88084

温度 /°C	标准阻值 /kΩ	温度 /°C	标准阻值 /kΩ	温度 /°C	标准阻值 /kΩ
-30.0	63.7306	14.0	7.7643	58.0	1.5636
-29.0	60.3223	15.0	7.4506	59.0	1.5142
-28.0	57.1180	16.0	7.1515	60.0	1.4666
-27.0	54.1043	17.0	6.8650	61.0	1.4206
-26.0	51.2606	18.0	6.5934	62.0	1.3763
-25.0	48.8994	19.0	6.3333	63.0	1.3336
-24.0	46.0860	20.0	6.0850	64.0	1.2923
-23.0	43.7182	21.0	5.8479	65.0	1.2526
-22.0	41.4868	22.0	5.6213	66.0	1.2142
-21.0	39.3832	23.0	5.4048	67.0	1.1771
-20.0	37.3992	24.0	5.1978	68.0	1.1413
-19.0	35.5274	25.0	5.0000	69.0	1.1068
-18.0	33.7607	26.0	4.8108	70.0	1.0734
-17.0	32.0927	27.0	4.6298	71.0	1.0412
-16.0	30.5172	28.0	4.4866	72.0	1.0100
-15.0	29.0286	29.0	4.2909	73.0	0.9800
-14.0	27.6216	30.0	4.1323	74.0	0.9804
-13.0	26.2713	31.0	3.9804	75.0	0.9228
-12.0	26.0330	32.0	3.8349	76.0	0.8957
-11.0	23.8424	33.0	3.6933	77.0	0.8695
-10.0	22.7155	34.0	3.3620	78.0	0.8441
-9.0	21.5486	35.0	3.4340	79.0	0.8196
-8.0	20.6380	36.0	3.3113	80.0	0.7959
-7.0	19.6800	37.0	3.1937	81.0	0.7730
-6.0	18.7732	38.0	3.0809	82.0	0.7800
-5.0	17.9129	39.0	2.9727	83.0	0.7093
-4.0	17.0970	40.0	2.8688	84.0	0.7086
-3.0	16.3230	41.0	2.7692	85.0	0.6885
-2.0	15.8886	42.0	2.6733	86.0	0.6690
-1.0	14.8913	43.0	2.5816	87.0	0.6502
0	14.2293	44.0	2.4934	88.0	0.6320
1.0	13.6017	45.0	2.4007	89.0	0.6144
2.0	13.0057	46.0	2.3273	90.0	0.5973
3.0	12.4393	47.0	2.2491	91.0	0.5808
4.0	11.9011	48.0	2.1739	92.0	0.5647
5.0	11.3894	49.0	2.1016	93.0	0.5492
6.0	10.9028	50.0	2.0321	94.0	0.5342
7.0	10.4399	51.0	1.9656	95.0	0.5196
8.0	9.9995	52.0	1.9015	96.0	0.5055
9.0	9.5802	53.0	1.8399	97.0	0.4919
10.0	9.1810	54.0	1.7804	98.0	0.4786
11.0	8.8008	55.0	1.7232	99.0	0.4688
12.0	8.4385	56.0	1.6680	100.0	0.4533
13.0	8.0934	57.0	1.6149		

（续）

502AT_2—40236 柜机融霜温控					
温度 /°C	标准阻值 /kΩ	温度 /°C	标准阻值 /kΩ	温度 /°C	标准阻值 /kΩ
0	13.29	37	3.276	74	1.043
1	12.74	38	3.167	75	1.014
2	12.22	39	3.062	76	0.9861
3	11.73	40	2.961	77	0.9592
4	11.25	41	2.864	78	0.9331
5	10.80	42	2.770	79	0.9079
6	10.37	43	2.679	80	0.8835
7	9.960	44	2.593	81	0.8598
8	9.569	45	2.509	82	0.8368
9	9.196	46	2.429	83	0.8146
10	8.840	47	2.352	84	0.7930
11	8.496	48	2.277	85	0.7722
12	8.167	49	2.206	86	0.7520
13	7.853	50	2.137	87	0.7323
14	7.553	51	2.070	88	0.7134
15	7.267	52	2.006	89	0.6950
16	6.993	53	1.943	90	0.6771
17	6.731	54	1.883	91	0.6599
18	6.481	55	1.826	92	0.6432
19	6.242	56	1.770	93	0.6270
20	6.013	57	1.717	94	0.6113
21	5.793	58	1.665	95	0.5961
22	5.581	59	1.615	96	0.5813
23	5.379	60	1.567	97	0.5670
24	5.185	61	1.521	98	0.5531
25	5.000	62	1.476	99	0.5396
26	4.821	63	1.432	100	0.5265
27	4.650	64	1.391	101	0.5135
28	4.486	65	1.350	102	0.5010
29	4.329	66	1.311	103	0.4888
30	4.179	67	1.274	104	0.4769
31	4.033	68	1.237	105	0.4654
32	3.894	69	1.202	106	0.4543
33	3.760	70	1.168	107	0.4435
34	3.631	71	1.135	108	0.4329
35	3.508	72	1.103	109	0.4227
36	3.390	73	1.073	110	0.4128

参考文献

[1] 杨象忠，杨东斌．电冰箱修理大全[M]. 杭州：浙江科学技术出版社，2000.

[2] 杨国祥，杨永生．空调器微电脑电路与图册[M]. 西安：西安电子科技大学出版社，2000.

[3] 尹选模．电冰箱与空调器[M]. 北京：中国商业出版社，1997.

[4] 冯梅．空调机电路解说与检修[M]. 北京：人民邮电出版社，1999.

[5] 方贵银．新型电冰箱维修技术与实例[M]. 北京：人民邮电出版社，2000.

[6] 刘胜利，赵先美，曾秀兰．新型无氟冰箱及冷藏柜原理与维修技术[M]. 北京：电子工业出版社，2000.